#NEXTGENERATION BOSSLADY

Zu Deinem Online Business Imperium mit Mindset
Marketing & Manifestation

Bosslady
IMPERIUM

JESSICA VERFÜRTH

IMPRESSUM

Jessica Verfürth

www.bosslady-imperium.de

info@bosslady-imperium.de

Cover: Lale Carstensen

www.lale-carstensen.com

Buchmarketingtechnik &-strategie: Ursula Hunke

www.ursulahunke.de

ISBN: 9798505167717

Hinweis: Haftungsausschluss und Hinweise zum Datenschutz und Copyright finden sich am Ende des Buches.

Inhaltsverzeichnis

Vorwort oder auch #KillYourLimitsBaby

Es ist Mitte April im Jahr 2021 und ich sitze gerade mit meinem MacBook auf meinen Beinen und meiner Tasse Kaffee in der Hand im Bett und schaue, während ich das hier einspreche, aus dem Fenster. Ich erinnere mich, etwas nostalgisch, an den Anfang des Jahres 2020, der alles für mich veränderte.

Damals saß ich auf Teneriffa und wollte mit dem Healing Online Campus, Menschen inspirieren, zu sich selbst zu finden und in ihre wahre Größe zu kommen. 3 Monate später wurde mir klar, dass es völliger Bullshit ist, als null-schwingeling-Lady mit so einem Business erfolgreich durchzustarten.

Ich war in einem Mastermind Coaching, in dem die Business Mentorin mir riet, dass ich mir positive Beispiele für meine limitierenden Bullshitstories suchen solle.

Meine Bullshitstory war damals „Ich kann kein Online Business Mentoring Programm anbieten, weil ich mit 4 Kindern niemals so erfolgreich sein werde, wie ich es mir wünsche. Also lieber „klein stapeln“ als „gar nicht stapeln“.

Diese Mentorin war mein positives Beispiel. Sie hatte damals selbst drei Kinder, hatte viele Ideen, setzte viele davon in ihrem Business um und inspirierte mich einfach, mein Ding zu machen.

In Null-Komma-Nichts war mein erstes Business Programm gelauncht, mit 20 Teilnehmerinnen gefüllt und im Laufe des Kurses sind 40 Module entstanden. Mein erstes Business Programm.

Mittlerweile bin ich bekannt als die No. 1 Business Expertin für Bossladies, habe mehrere Bestseller geschrieben, mehrere davon sind sogar in 9 (!) Kategorien auf Platz 1 gelandet!

Ich habe einen Award für Start-ups[1] gewonnen und bin kontinuierlich 5- bis 6-stellig im Monat.

Ich habe das wunderbares #TeamBosslady aufgebaut, das Bosslady Talk Online-Magazin[2] herausgebracht, Europas größten Summit für Scannerladies[3] veranstaltet und unzählige Frauen dabei unterstützt, ihr individuelles und auf ihr Scanner Genius ausgelegtes Business, zu entwickeln, zu gründen und voll durchzustarten.

Ihre finanziellen Erfolge stecke ich in Form von 10% ihres Umsatzes von meinem eigenen Geld in meine #ChampagnerKasse.

Wann immer nichts mehr hineinpasst, schnappe ich mir diese Kasse und mache etwas galaktisch Geiles damit.
Einfach weil ich die Erfolge meiner Soulmates so sehr feiere, wie meine eigenen.

Wenn Du auch endlich Deine Blockaden, Bullshitstories und mehr hinter Dir lassen willst, um Dein Traum Leben zu verwirklichen, dann mach an dieser Stelle den ersten Schritt und lade Dir direkt den **BONUS zu diesem Buch**, das #KillYourLimitsAndGrowBig Workbook GRATIS hier herunter!

---

[1] https://magazin.bosslady-imperium.de/bosslady-imperium-mit-business-award-ausgezeichnet/
[2] https://magazin.bosslady-imperium.de/
[3] https://elopage.com/s/BossladyMentorin/Successful-scannerladies-summit

https://www.bosslady-imperium.de/ngb-workbook

Es ist nicht wichtig, woher Du kommst! Entscheidend ist, was Du daraus machst!

Ich habe noch mehr cooles Zeug gemacht, doch worüber ich Dir wirklich etwas erzählen möchte, ist darüber, wo ich herkomme, damit Du siehst, dass alles möglich ist.

Vielleicht weißt Du schon, dass ich in finanziell wirklich absolut gruselige und minderbemittelte Umstände geboren wurde. Meine Mutter war alleinerziehend mit drei Kindern und ihre Suchtproblematik sorgte dafür, dass wir von dem wenigen Sozialgeld, dass wir im Monat bezogen, kaum etwas zur Verfügung hatten.

Als Kind lernte ich über Geld „wie gewonnen so zerronnen' und natürlich noch eine Fantastillion anderer limitierender und beschissener Glaubenssätze.
Einer davon war: „Wenn Du als Frau Geld haben möchtest, brauchst Du einen Mann mit Geld".
So geschah es, dass ich mit 18 Jahren in eine unglaubliche Abhängigkeit zu einem Mann geriet, die nicht nur auf finanzieller, sondern

auch auf emotionaler und psychischer Ebene ungeahnte Ausmaße annahm.

Diese Beziehung kostete mich fast das Leben, doch irgendwas in mir wollte überleben, denn es gelang mir die Flucht. Ich litt noch lange an einer posttraumatischen Belastungsstörung, starrte 3 Jahre lang meine Wand an und fragte mich, ob das schon alles im Leben war.

Ich entschied mich, das Bestmögliche aus meinem Leben zu machen, doch das war gar nicht so leicht. Ich brachte mehrere Geschäftsideen auf die Straße, wie man so schön sagt und beendete sie auch recht schnell wieder. Ich absolvierte 1000 verschiedene Ausbildungen, verbrauchte mein Geld für Zeug, das ich nicht brauchte. Ich bin mir sicher, ich litt zwischenzeitlich an einer Kaufsucht.

Und weil ich noch nicht so recht wusste, wie Unternehmertum funktioniert, geschah es recht bald, dass ich eine Regelinsolvenz anmelden musste. Diese ist nun seit einiger Zeit abgewickelt und ich bin sehr, sehr dankbar für die Möglichkeit, als Unternehmerin wieder eine Chance zu haben, auf die Füße zu kommen.

Ach herrje, ich muss gerade schmunzeln. Du siehst, meine Voraussetzungen waren katastrophal. Vor 3 Jahren, als ich mich entschied, irgendwas mit Online-Dingsbums zu machen, hätte ich niemals gedacht, was dadurch in meinem Leben alles möglich wird.

Ich habe bis vor kurzem mit meiner Familie auf Teneriffa gelebt, mittlerweile investiere ich in Kryptowährung, habe Freundinnen, die sehr erfolgreich und eine wahre Inspiration für mich sind. Generell habe ich mir ein Umfeld geschaffen, in welchem Wachstum, Cashflow und Dinge zu kreieren völlig normal sind.

In meiner Welt gibt es wenig Limitierungen und wenn ich eine erkenne, buche ich sofort einen Coach, um daran zu arbeiten.

Eines habe ich verstanden und das will ich Dir in diesem Buch unbedingt mitgeben:

Alles ist möglich, wenn Du bereit bist, Deine Limitierungen über den Haufen zu schmeißen!

Wenn Du mich ganz persönlich fragen würdest, was mein Erfolgsgeheimnis ist, dann wäre meine Antwort diese: Ich durchbreche alle meine Limits. #KillYourLimits

Was auf dem Weg dazwischen liegt und was ich im letzten Jahr an Transformationen für mich und mein Bosslady Imperium durchlaufen habe, teile ich mit Dir in diesem Meisterwerk.

Warum?
Weil wir die #NextGenerationBosslady sind.

Wir sind die Neuen, die Frechen, die Lauten, die mit richtig viel Geld, diejenigen, die in keine Marketing-Schublade passen, die einfach nur ihr Ding rocken wollen, die Bock haben, ständig was Neues zu kreieren und sich neu zu erfinden.
Wir sind diejenigen, die mit ihren #Traumsoulmates gemeinsam wachsen und dabei so in ihrem Scanner G. sind, dass sie nichts und niemand mehr aufhalten kann.
Woher ich weiß, dass Du so jemand bist?

Ganz einfach, Du hältst dieses Buch in Deinen Händen. Ich freue mich jetzt schon Dich ganz persönlich in meiner Facebook-Gruppe (LINK) kennenzulernen und feiere Dich, weil Du ein klares Ja für Dich hast, um die nächsten Seiten dieses Buches weiterzulesen.

Ready für #KrassGeilenScheiß?

*Hast Dir schon den **BONUS zu diesem Buch**, das #KillYourLimitsAndGrow-Big Workbook GRATIS heruntergeladen?*

https://www.bosslady-imperium.de/ngb-workbook

#KickOffNextLevel | Alles beginnt mit einer Entscheidung

Es hat einfach alles mit einer Entscheidung angefangen. Die Entscheidung für mich, meine Wünsche und meine Ziele einzustehen und in meinem Leben voranzugehen.

Drei Jahrzehnte lang wurde mir beigebracht, und ich habe es auch bereitwillig geglaubt, dass mein finanzieller und emotionaler Wohlstand von einem Mann abhängig ist. Meine Mutter lebt diesen Glaubenssatz noch bis heute und ich kenne viele Frauen, die unglücklich in ihren Beziehungen sind und dennoch nicht den Mut aufbringen, voranzugehen und sich endlich für sich zu entscheiden.
Es gelingt ihnen nicht diese Entscheidung zu treffen und sich Folgendes zu fragen:

Wieviel mehr erlaube ich mir, ich selbst zu sein?
Was kann ich in diesem Moment tun, um ein bisschen mehr ich selbst zu sein?

Ich war nie der konventionelle Typ, habe mich nicht in Schablonen pressen lassen und bin immer aus der Rolle gefallen. Mit 18 war ich solariumgebräunt, hatte platinblonde Extensions bis zum Hintern und stöckelte auf High Heels durchs Leben.
Mit 30 lebte ich auf Teneriffa und wickelte in meinem Garten aus Palmzweigen Kaminanzünder. Nicht, weil ich musste, sondern weil ich die Überzeugung hatte, Ressourcen nicht zu vergeuden.

Doch ist es nicht so, dass viele von uns jeden Tag unzählige Ressourcen vergeuden und ich rede nicht von Erdöl oder all diesen Dingen, die zur globalen Erwärmung beitragen, sondern von Ressourcen, wie unsere Zeit und unser Potenzial.

Wir leben in einer Zeit, in der es das Allerwichtigste ist, die eine Entscheidung zu treffen und loszugehen, eine neue Art der Emanzipationsrevolution, eine neue Art der Weiblichkeit, der Sinnlichkeit, der Sexualität, des Business, eine neue Art des Mutterseins. Scheiß auf Mama Bashing und all diesen Dreck!

Die Frauen dieser Generation, die Next Generation Bossladies wie Du, dürfen sich jetzt entscheiden, in ihrem Leben alles zu haben.

Vergiss „entweder oder" und ersetze es durch ein „und".
Welch ein wirkungsvolles Tool!

Mit vier Kindern habe ich damals gedacht, ich werde niemals ein monatlich sechsstelliges Business kreieren.
Ich habe immer geglaubt - und Achtung nicht alles, was wir glauben, ist wahr - ich habe so viele Kinder, ich kann gar nicht so viel arbeiten, um diesen Erfolg zu erreichen.

Ich glaubte, ich müsste diesen klassischen Business-Weg gehen.

Ich glaubte, ich müsste viel Reichweite generieren, ich müsste ständig irgendwelche Aktionen, Interviews, Kongresse und was weiß ich noch starten, um sichtbar zu sein.
Ich glaubte, ich müsste ständig irgendetwas nach außen transportieren, um meinen Expertenstatus hochzuhalten.

Ich glaubte, ich müsste permanent kostenlosen Content in eine Facebook-Gruppe geben, damit irgendwann dann vielleicht, wenn jemand sich angesprochen fühlt, dieser bei mir mein Angebot bucht.
Gott, ist das ein dummes Zeug!

Das Fatale an dieser Geschichte ist, dass es tatsächlich für diejenigen funktioniert, die genug Geld- und Zeit-Ressourcen zur Verfügung haben und schon in irgendeiner Art und Weise ein erfolgreiches Unternehmen aufgebaut haben.

Doch ganz ehrlich, die meisten von uns kommen nicht aus dem klassischen Business. Die meisten von uns - Du vielleicht auch - sind Quereinsteiger.
Die meisten von uns sind vielleicht auch Nicht-Zu-Ende-Bringer.

Ja, wir fangen immer wieder neue Sachen an, haben ständig coole Ideen, legen los und merken dann auf der Zielgeraden: Nö, ist langweilig.
Es wird uns irgendwie zu klein.

Ich weiß nicht, zu welchem Zeitpunkt Du dieses Buch hier liest, aber ich bin mir sicher, dass ich meinem Ziel von 100 Millionen und 11 Unternehmen, bis ich 40 Jahre alt bin schon unglaublich nah bin.

Und wenn Du jetzt denkst, 100 Millionen niemals, never ever, dann hab ich echt die richtigen Dinge für Dich und dann solltest Du dieses Buch unbedingt bis zu Ende lesen. Denn 100 Millionen ist eigentlich nur eine Zahl auf einem Stück Papier aufgeklebt an meiner Wand. Fertig.

Und Tag für Tag geschehen Dinge in meinem Leben, die es möglich machen, diesen 100 Millionen Euro näher zu kommen, ohne dass ich aktiv irgendwo präsent bin.
Sie geschehen einfach, weil ich gelernt habe, durch die Kraft der Manifestation, durch mein Sein, durch mein Wirken, einfach durch das, wer und was ich bin, mir die Dinge zu nehmen und anzuziehen, die ich wirklich haben will.

Und wenn Du jetzt denkst, dass es von purem Egoismus zeugt, so etwas zu denken und zu sagen, dann solltest Du dieses Buch auch unbedingt weiterlesen.
Denn ganz ehrlich, Egoismus ist ein Wort, das in unserer Gesellschaft so schlecht belegt ist und eigentlich ist es die gesündeste Haltung der Welt.

Wir lernen, als Frauen sei es ehrwürdig, sich für die Familie und die Ehe aufzuopfern, den Ehemann zu unterstützen, bla bla bla bla. Doch nichts ist sexier als eine Frau, die ihren Wert kennt, ihn selbst bestimmt und alles dafür tut, um auf diesem Level zu bleiben. Die sich alles nimmt, was ihr guttut. Und ich rede hier nicht von Nehmen ohne Rücksicht auf Verluste zum Nachteil anderer. Das ist nicht cool. Sondern einfach dafür zu sorgen, dass es ihr jeden Tag gut geht. Nur ein voller Mensch kann überfließen. Und wenn wir uns ein Leben voller Fülle vorstellen, dann müssen wir unser eigenes Gefäß selbst füllen.

In diesem Buch gebe ich Dir unendlich viel Input genau zu diesen Themen.

Ich lade Dich ein, in meine Welt einzutreten und Impulse für ganz neue Gedanken zu empfangen.
Vielleicht wirkt vieles von dem unorthodox und auch irgendwie etwas spooky auf Dich. Und weißt Du was? Gerade dann solltest Du die Dinge erst recht hinterfragen. Lehne sie nicht gleich kategorisch ab, nur weil es zu Deinem bisher Geglaubten nicht passt. Versuche Dich zu öffnen und stelle Dir bei allem, was ich Dir erzähle, die Frage:

Was ist, wenn es möglich wäre?

Ich wünsche Dir ganz viel Spaß mit diesem Buch und falls Du meine anderen Bestseller schon kennst, dann wirst Du feststellen, dass dieses Buch eine unglaubliche Steigerung all dessen ist, was ich jemals zuvor produziert habe.

Es ist einfach die logische, natürliche Konsequenz, denn auch ich bin eine unglaubliche Steigerung all dessen, was ich jemals zuvor war.

Viel Spaß dabei!

Die Qualität Deiner Ergebnisse hängt immer von der Qualität Deiner Entscheidungen ab!

Schnelle Entscheidungen führen Dich schneller zu Deinem Ziel!

Entscheide Dich immer für Dich, nie gegen Dich!

#GetOutOfVictimMode | Meine Vergangenheit lähmt mich

Viele von uns glauben, dass sie das Produkt ihrer Kindheit sind. Gerade wenn Du Dich schon ein bisschen mit dem Thema Mindset beschäftigt hast, bist Du auch schon über diesen Punkt gestolpert.

Ehrlich gesagt kann ich diesen ganzen Quatsch nicht mehr hören und ich mache hier #Realtalk mit Dir, damit Du endlich aus diesem Opfermodus rauskommst und diesen ganzen Quatsch loslässt. Bevor Du Dich hier jetzt angepisst und getriggert fühlst, lass mich Dir ganz kurz erklären, warum ich dieses Statement habe.

Ich stand also damals mit 22 Jahren vor dem Trümmerhaufen, den ich mein Leben nannte, hatte zwei Kinder, war seelisch, emotional und körperlich so missbraucht, dass ich mich selbst nicht mehr spüren konnte. Dazu kam meine Insolvenz und das Nichtvorhandensein einer abgeschlossenen Berufsausbildung.

Mein Leben schien wie ein absolutes Desaster.

Okay. Da jetzt nun die Fakten deutlich auf dem Tisch liegen, können wir erstmal alle unser Opfermodus-Kleidchen ausziehen und anfangen in unsere wahre Größe einzutauchen, denn darum geht es in diesem Buch!

Wir sind die #NextGenerationBossladies und die folgenden Kapitel werden kräftig mit Deinen JA ABER Bullshit Stories aufräumen.

Lehn Dich zurück und genieße die Achterbahnfahrt in Deine krasse Identität.

Hast Dir schon den ***BONUS zu diesem Buch****, das #KillYourLimitsAndGrow-Big Workbook GRATIS heruntergeladen?*

https://www.bosslady-imperium.de/ngb-workbook

#WomenUnlimited | Frauenbilder und andere Alptraumrollen

Dies ist das nächste Kapitel, dass Dir kräftig in den Hintern tritt.

Wenn Dich das letzte Kapitel schon richtig genervt hat, dann wünsche ich Dir hier jetzt besonders viel Spaß. Im Übrigen hatte ich mal ein Programm, dass ich glaube, 2500 Euro gekostet hat, indem wir u.a. genau diese Sache gemacht haben.

Ich möchte Dir damit nur sagen, dass es Menschen gibt, die bereit sind, für diese Art des Coachings unglaublich viel Geld auszugeben, weil sie im Leben weiterkommen wollen.

Umso mehr möchte ich Dir verdeutlichen, welch ein Geschenk es ist, dass Du dieses Buch in Deinen Händen hältst.
Falls Du noch ein Problem mit meiner Art und Weise hast, wie ich hier schreibe und spreche, verspreche ich Dir, Du gewöhnst Dich dran und wenn nicht, bist Du auch nicht mein Soulmate. Das ist dann auch völlig okay.

Doch ich glaube fest daran, dass der Titel bei dem Wort Bosslady mit Dir gematcht hat und dass Du ein bisschen draufstehst, Dir selber in den Arsch zu treten, um Next Level zu kommen. #HereWeGo

Das Bild, dass wir über Frauen haben, ist elementar für die Art und Weise, wie wir unser Leben gestalten. Wenn Du Dir noch nie bewusst Gedanken über Dein Frauenbild gemacht hast, ist jetzt der perfekte Zeitpunkt.

Ich sage Dir im Vorfeld, schnapp Dir Taschentücher, Schokolade und vielleicht auch ein Kissen, um reinzuboxen. Es wird sehr emotional, gerade weil ein Großteil dessen in unserem Unterbewusstsein schlummert und uns Tag für Tag beeinflusst. Vielleicht stört Dich auch schon die Art und Weise, wie ich hier als Frau spreche und dieser Punkt bringt schon Deine ersten Bullshit Stories hoch.

Mega genial! Feiere das, denn jetzt kannst Du es verändern!

Vor knapp einem Jahrhundert hatten Frauen nicht ansatzweise die Rechte und die Möglichkeiten, die wir heute haben. Es gab Frauenbücher mit dem Titel „Die brave Ehefrau", die eine ganze Generation von Frauen beeinflusst und geprägt haben. Erinnern wir uns doch an die 50er und 60er Jahre, bei dem Gedanken wird mir schlecht und mir läuft ein kalter Schauer über den Rücken.

Ich bin so dankbar, dass wir diese Generation Frauen sind.

Wir sind die Generation Frauen, der alle Möglichkeiten offenstehen. Wir sind die Generation Frauen, die berufstätig sind und viele Kinder haben können. Wir sind die Generation Frauen, die Personal im privaten Bereich haben können, wie Haushälterin, Nanny und Personal Trainer, private Nachhilfe für unsere Kinder und Ähnliches. Wir sind die Generation Frauen, die keinen Mann brauchen, um finanziell gut da zustehen - das ist ein ganz wichtiger Punkt.

All diese Dinge haben etwas mit Eigenverantwortung und Selbstbestimmtheit zu tun. Und wir können nur in unsere Eigenverantwortung und Selbstbestimmtheit kommen, wenn wir anfangen, mit den Frauenbildern in unserem Leben aufzuräumen.

An dieser Stelle spielen wir wieder das lustige Listen-Spiel!

Schreibe mindestens 25 Punkte auf, die Dein Rollenbild über Frauen prägen.
Schreibe auf, wie Dich diese Punkte - je nachdem, in welche Herkunftsfamilie Du geboren wurdest - in Deiner Lebensgestaltung prägen und limitieren.

Wenn Du nicht genau weißt, wie Du diese Aufgabe beginnen sollst, rufe Dir Deine Mutter, Deine Oma, Deine Tanten oder Deine älteren Schwestern ins Gedächtnis.

Beobachte diese Frauen in ihrer Art und Weise, wie sie durchs Leben gehen.

Wie führen sie ihre Beziehungen?

Wie erfolgreich sind sie?

Wie gestalten sie ihren Tag?

Wie gehen sie mit anderen Menschen um?

Wie wichtig nehmen sie sich selbst?

Was haben sie Dir über Ehe vorgelebt?

Was über die Rolle der Mutter?

Was über die Rolle der Hausfrau?

Was über die Art und Weise, wie eine Frau ihren Beruf auslebt?

Was haben sie Dir darüber beigebracht, wie es sich mit Frauen und Geld verhält?

Und was davon praktizierst Du passiv oder aktiv ebenfalls in Deinem Leben?

Keine Sorge, ich lasse Dich mit diesem ganzen Kram nicht hängen. Im Laufe dieses Buches gebe ich Dir einen Haufen cooler Tools und Möglichkeiten an die Hand, wie Du an Dir arbeiten kannst.

Eine #NextGenerationBosslady rockt ihr Business mit Leichtigkeit und High Energy!

Lege die auferlegten Rollen ab, wie alte Kleider und schau welche wunderbare Person darunter steckt!

Du bist so einzigartig wie ein Diamant! Feier Dich!

#FamilyAffairs | Scheiß drauf! In meiner Familie ist es halt so!

Wie schon im vorigen Kapitel beleuchtet, sind wir ein Zusammenspiel aus einer Fantastillion Prägungen in unserem Leben. Die meisten davon nehmen wir in den ersten sechs Lebensjahren in unser System auf. Das sind auch die Prägungen, die uns immer wieder triggern, egal wie alt wir sind.
Was wir allerdings lernen können, ist, diese Triggermechanismen zu erkennen und sie zu verändern, um so die Reaktion, die dieser Trigger auslöst, abzuschwächen.

Es gibt Menschen, da geht es nicht ganz weg. Das liegt daran, wie tief diese Geschichte ist und wie lange sie das schon glauben. Und es gibt Menschen, bei denen lösen sich diese Sachen komplett auf und sie entwickeln ein völlig neues Mindset.

Weder das eine noch das andere wollen wir bewerten, denk dran, wir bewerten nichts mehr. Ab heute! Bis gestern haben wir das noch gemacht.
In meinem Programm schauen wir immer ganz genau in die Herkunftsfamilie, also in die Familie, in der Du mindestens die ersten sechs Jahre groß geworden bist.
Bei manchen Menschen sieht es sehr bunt aus. Manche waren vielleicht eine Zeit lang bei ihrer Großmutter oder es gab verschiedene Daddys oder Mamis.
Vielleicht ist auch ein Elternteil gestorben und ein Neues an diese Stelle gerückt.

Vielleicht gab es in diesen ersten sechs Jahren viele Dramen und deshalb bist Du zu dem „ganz lieben" Kind geworden, um bloß nicht aufzufallen, keinen Ärger zu machen. Oder Du wurdest in Deiner Familie total übersehen und bist deswegen zum richtig anstrengenden Nervenbündel für Deine Eltern geworden.

Als Kinder entwickeln wir unsere Überlebensmechanismen.
Prinzipiell sind die gut, denn sie haben es ja geschafft, dass Du heute bist, wo Du bist. Und vielleicht klingt Überlebensmechanismus für Dich jetzt total grausam, weil Du davon ausgehst, dass Deine Eltern superduper Eltern waren. Und ich will ihnen diese Tugend gar nicht absprechen. Die Realität und meine berufliche Erfahrung sagen mir jedoch, dass jeder von uns irgendwelche Sachen in seinem Rucksack aus der Herkunftsfamilie mit sich rumschleppt.

Ich möchte hier ein Beispiel aus meiner Familie geben, damit Du ein Gespür dafür bekommst, wer ich bin und was man alles verändern kann.

Ich bin in eine sehr destruktive, sehr zerstörerische, gewalttätige Familie mit Suchtmittel-Problematik geboren worden. Dazu kommen psychische Erkrankungen meiner Mutter. Die Tatsache, dass sie mich nicht wollte, hat sie mich mein ganzes Leben lang sehr deutlich spüren lassen, bis hin zu Morddrohungen. Mein Vater war der einzige Mensch, der mich wollte. Er verließ meine Mutter, nachdem sie ihn einmal so heftig angegriffen hatte, dass er wirklich Angst vor ihr bekam.

Er ließ mich bei ihr.
Und so wuchs ich, bis ich 13 Jahre alt war, mit dieser Frau auf und geriet in eine Art co-abhängiges Verhältnis. Es war unglaublich anstrengend. Es hat gemacht, dass ich lange Zeit ein unglaublich zerstörter Mensch war. Mit 13 Jahren bin ich ins Heim gezogen. Ich habe es zuhause einfach nicht mehr ausgehalten.

Wie Du siehst, ist meine Herkunftsfamilie suboptimal und dennoch habe ich völligen Frieden damit gefunden. Es macht mit mir nichts mehr, dass meine Mutter diese Mutter war. Ich konnte verabschieden, dass sie nicht die Mutter war, die ich mir als Kind gewünscht hätte. Und ich konnte verstehen, dass auch sie sich entschieden hat, so zu sein, weil sie gewisse Dinge in ihrem Leben erlebt hat, die sie sich leider nicht anguckt.
Und auch meinen Vater konnte ich verstehen. Schließlich verlor er seine Mutter auch sehr früh als kleines Kind und hat wahrscheinlich deshalb in sich drin den sehnlichen Wunsch gehabt nach einer intakten, glücklichen Familie. Leider hatte er sich dafür die falsche Frau ausgesucht.

Ich bin heute selbst Mutter von vier Kindern.
Ich habe vier völlig unterschiedliche Kinder geboren, in vier völlig unterschiedlichen Stadien meines Lebens. Und ich bin jedem dieser Kinder die Mutter, von der ich glaube, dass ich sie für sie sein kann. Natürlich bin ich nicht perfekt und ich mache auch Fehler, garantiert. Und eines Tages werden meine Kinder irgendwo sitzen und sagen: Hey, in meiner Kindheit, ist das, das, das und das schief gelaufen. Und das ist okay.

Was ich Dir damit sagen will und verdeutlichen möchte, ist, dass dieses perfekte Elternhaus oder auch Deine perfekten Ansprüche an Deine Mutterrolle eigentlich nur Lug und Trug sind. Es sind Vermeidungsmechanismen, die in uns aufploppen, weil wir dann unsere ganze gesamte Existenz infrage stellen können.

Das ist der springende Punkt. Ich garantiere Dir jetzt schon, wenn Du Dir Deine Herkunftsfamilie nicht anschaust, und mach das am besten mit einem Coach zusammen, dann wirst Du in Deinem Leben Deine Wünsche nicht erreichen.

Ich kenne keinen erfolgreichen Millionär oder Multimillionär, der sich nicht mit diesen Themen beschäftigt hat. Niemand, den ich kenne, der reich ist, ist reich geworden, weil er einfach irgendeine Methode in seinem Business praktiziert hat.
Jeder Mensch, den ich kenne, der richtig viel Geld hat, hat immer angefangen, sein Mindset und seine Persönlichkeit zu verändern. Dieses Buch gibt Dir eine Anleitung und Inspiration dafür, das für Dich selbst zu tun.

Ich möchte Dir noch etwas sagen, bevor ich dieses Kapitel beende:

Es spielt absolut keine Rolle, wo Du herkommst.

Es ist sowas von unwichtig, wer Deine Eltern waren, wie viel Geld sie hatten, ob sie Dich geliebt haben, ob sie Drogen genommen haben, ob sie Vorzeigeeltern waren, ob sie Missionare waren, Ärzte, Akademiker oder Hartz-IV-Empfänger.
Es ist völlig egal.

Du kannst jetzt in diesem Moment eine Entscheidung treffen, so zu werden, wie Du sein möchtest.

Und wenn Du noch nie darüber nachgedacht hast, wer Du eigentlich wirklich sein möchtest, dann lade ich Dich jetzt ein, Dir einfach mal fünf Minuten Zeit zu nehmen und Dir mal kurz zu überlegen, welche Dinge in Deinem Leben Du gerne anders hättest? Ich bin mir sicher, Du findest ein paar Sachen.

Wenn wir jetzt in meinem Coaching wären, würde ich sagen: Viel Spaß dabei!

Deine Vergangenheit ist geschrieben, Deine Zukunft bestimmst Du!

Mache unbedingt Dinge, die DU NIE tun würdest und lasse die Magic passieren!

Du kannst JETZT frei werden!

#ForgiveMe | Wenn mein Vater mich mehr geliebt hätte ... (hätte ich eine bessere Beziehung zu Geld)

Am Anfang dieses Buches hatten wir das Thema doch schon und dennoch ist ein unglaublich wichtiger Ansatzpunkt wie wir als Frauen leben, wie die Beziehung zu unseren Vätern war.

Einige von uns sind bei alleinerziehenden Müttern aufgewachsen, andere hatten berufstätige Väter, die nur abends und am Wochenende zu Hause waren. Bei anderen waren die Väter vielleicht arbeitslos, vielleicht Trinker, vielleicht Gewalttäter, vielleicht war Dein Daddy auch der beste Daddy auf der Welt.

Wenn Du die Beziehung zu Deinem Vater kennst und verstehst, erkennst Du auch den Zusammenhang zwischen Dir, dem Geldfluss in Deinem Leben und dem Erfolg in Deinem Business.
Oft ist es so, dass wir unseren Vätern etwas beweisen mussten, um ihre Liebe annehmen zu können oder zu dürfen. Ganz schlimm für diejenigen von uns, die als Mädchen die Erstgeborenen in ihren Familien waren, wenn der Vater unbedingt einen Sohn wollte.

Ich bin die No 1 in meiner Nische geworden, weil ich mich von meinem Vater nie geliebt gefühlt habe. Denn auch hinter diesem Mangelgefühl, steckt nur Energie, die ich transformiert habe, um meine Ziele zu erreichen.

Unsere Generation ist eine der letzten Überbleibsel aus dieser Thronfolger-Mentalität. Die modernen Väter von heute sind glücklich und dankbar, wenn ihre Kinder kerngesund zur Welt kommen und lieben in der Regel Junge und Mädchen gleich.

Dennoch spielt die Art und Weise wie unser Vater uns geliebt oder nicht geliebt hat eine der größten Rollen in unserem Leben in Bezug auf unsere Selbstwahrnehmung, Selbstliebe und die Art und Weise, wie wir uns nach Anerkennung durch Männer sehnen.

Wenn Du gerade das Gefühl hast, das ist harter Tobak für Dich, dann lies unbedingt weiter, es geht hier nicht darum, dass ich die Beziehung zu Deinem Vater bewerte, sondern darum, dass Du sie Dir ehrlich anschaust und sie am Ende in absoluter Liebe wiegst. Dazu gehört es auch, all den Schmerz zu vergeben, den Dein Vater Dir bewusst oder unbewusst angetan hat.

Und ich gebe Dir hier ein Beispiel aus meinem Leben, damit Du verstehst wie wichtig Transparenz vor sich selbst ist.

Mein Vater ist der einzige Mensch, der mich jemals wollte. Meine Mutter war schon in der Abtreibungsklinik zum Termin der Ausschabung und als drogensüchtige Alkoholikerin war auch irgendwie klar, dass es überhaupt nicht gut ist, wenn sie noch ein weiteres Kind bekommt. Es waren doch schon zwei bei meiner Urgroßmutter. Doch mein Vater, dessen Mutter früh verstarb, sehnte sich nach nichts mehr als einer heilen Familie. Die Beziehung zwischen meinen Eltern lief natürlich suboptimal, wie man sich vorstellen kann.

Da ich dieses Buch schreibe, ist Dir klar, dass sich meine Mutter dazu entschieden hatte, mich dann doch zu bekommen. Eine sehr komplizierte Schwangerschaft folgte und als ich ca. zwei oder drei Jahre alt war, trennten sich meine Eltern im Drogen- und Gewaltrausch. Mein

Vater ergriff die Flucht und ließ mich bei meiner suchtkranken Mutter zurück.

Der einzige Mensch, der mich jemals wollte, hat seine Liebe zu mir verraten und hat mich im Stich gelassen. Wenig später zeugte er mit einer anderen Frau ein weiteres Kind und der Kontakt zu ihm brach ab. Ich lernte meinen Vater erst viel später als Teenager kennen und als er vor einigen Jahren starb, konnte ich mich emotional nicht öffnen, um ihn an seinem Totenbett zu verabschieden.

Bis heute fehlt mir der Vater, den ich nie hatte. Bis heute fehlt mir die Liebe, die er mir nie geben konnte. Doch etwas hat sich verändert, ich bin in diesem Punkt geheilt. Ich brauche diese Liebe nicht mehr, denn an dem Platz, an dem seine Liebe hätte sein müssen für mich, ist nun meine eigene Liebe für mich.

Das Gleiche wünsche ich Dir auch und deswegen lade ich Dich ein, Dir mindestens 25 Sätze, die mit „Wenn mein Vater mich geliebt hätte, dann..." beginnen, zu vollenden.

Ich weiß, dass es emotional ist. Ich weiß, dass es keinen Spaß macht. Ich weiß, dass es weh tut und ich weiß, dass die Punkte aus den letzten vier Kapiteln die Dinge sind, die Dich abhalten dorthin zu kommen, wo Du sein willst!

Deshalb gehen wir sie genauso an, wie wir es gerade tun, die nächsten Kapitel machen mehr Spaß, versprochen! Wichtig ist nur, dass Du vorher alle Fragen beantwortet hast, damit Du frei bist und wachsen kannst.

Vergebe alles: Setze Dich in Deinen Gedanken zu Deinem Vater, erzähle ihm was Du fühlst und warum, schau ihn an und dann sprich folgende Worte und lass los:

Es tut mir leid.
Bitte verzeih mir.
Danke.
Ich liebe Dich.

Deine männliche Energie ist der Schlüssel für Dein Passion Business!

Deine Beziehung zu Deinem Partner ist ein Indikator für Cashflow!

Mach Dich endlich selbst glücklich!

#KompromisslosAsFuck | Nächster Stopp - Erfolgsweg

Das, was für unseren Erfolgsweg wirklich, wirklich zählt, ist schlussendlich ein Mix aus verschiedenen Faktoren und über einige möchte ich hier mit Dir sprechen.

Die wenigsten Online-Unternehmerinnen können von den Einnahmen ihres Business leben. Das ist eine Wahrheit, die so viele Coaches, gerade Business Mentoren da draußen, verschweigen, weil sie ja nicht schön ist.
Total unsexy und absolut kontraproduktiv für das Geschäft mit dem Online-Business Aufbau.

Die meisten krebsen nur so rum. Auch diese Business Coaches.
Die, die dann ein Business aufbauen wollen, springen dann von einem zum anderen günstigen Angebot, weil sie denken: „Ach, hier lerne ich noch was und da lerne ich noch was und da lerne ich noch was."
Und schlussendlich führt das nur zu einer einzigen Sache, und ich sag das so klar und deutlich, weil das so elementar, wichtig und entscheidend ist für Deinen Erfolg:

Es führt zu Krautsalat im Kopf.

Ich möchte euch ein Beispiel geben. Ich habe das schon oft erlebt, gerade wenn so große Coaches so Tiny Workshops und sowas anbieten, dass in meiner Community unglaublich viele dann diese ganzen Kurse buchen. Ich hab auch schon den einen oder anderen gebucht und hab dann halt diese Leute in den Kursen wieder gesehen und hab gedacht, ah, interessant, die sind auch hier.

Was ist passiert? Ein halbes Jahr danach sind die so desorientiert, dass die total weg sind von ihrer eigenen Spur. Also total weg sind von dem, was sie eigentlich wollten, weil sie jetzt so viel Input gekriegt haben von diesen ganzen Tiny Workshops.

Also für mich und meine Zielgruppe funktioniert alles, was man in diesen günstigen Angeboten lernt gar nicht.

Und für wirklichen Erfolg gibt es ein einziges Teilchen, wenn das nicht vorausgesetzt ist, dann wird das nichts mit dem Erfolg. Niemals. Da kannst Du Dich noch so abstrampeln, da kannst Du noch so viel Content rausgeben. Da kannst Du noch so viele günstige Produkte auf den Markt schmeißen. Da kannst Du noch so viel Affiliate-Marketing machen, da kannst Du noch so viel Co-Creation kreieren, da kannst Du noch so viel Reichweite haben. Wenn Du diese Entscheidung für Dich nicht getroffen hast, wird das alles nichts.

Triff die Entscheidung für Erfolg!

Viele von uns haben ein Problem mit Commitments. Gerade wir Scanner. Ja, das ist die Wahrheit über uns. Wir haben ein richtig krasses Problem mit Commitment.

Und der größte Fehler daran ist, dass wir kurz ein Commitment machen, eine Woche dran rumschrauben und dann merken es funktioniert nicht, weil wir keine Ausdauer und keine Selbstdisziplin haben. Wir wollen halt ständig etwas Neues, seien wir mal ehrlich. Und deswegen kommen wir auch nicht zum Ziel.

Und es ist so wichtig, Dir ein richtiges Ziel zu setzen. Ich hoffe, Du hast Dir schon einmal in Deinem Leben ein C-Ziel gesetzt, also so ein Ziel, wo Dein Hirn ausgeht, weil Du denkst „Hey Scheiße, wie

soll ich das denn erreichen? Das werde ich niemals schaffen. Nicht in zehn Jahren, nicht in 20 Jahren, nicht in 50 Jahren."
Das ist ein C-Ziel.

Mein C-Ziel sind 100 Millionen Euro. Das ist so eine krasse Summe, die hatte 'ne Zeitlang richtig in meinem Gehirn irgendwie Kabelbrand verursacht. Das war für mich so'n heftiges Ziel, dass ich fast gekotzt hab, wenn ich das ausgesprochen hab.
Und wenn ich darüber heute rede in meinen Lives oder in meinen Interviews oder so oder auch mit meinen Kunden, dann ist das so völlig normal für mich.
Das ist meine Wahrheit.

Und wenn Du noch kein C-Ziel gesetzt hast, also so ein richtig crazy verrücktes Ziel, wo Du denkst: „Scheiiiiißeeee", dann lade ich dich jetzt ein, mal kurz darüber nachzudenken: Was könnte Dein hammermäßiges C-Ziel sein?

Was ist dieses Ziel, für das Du in Zukunft ab jetzt jeden Morgen Deine wunderschönen Füße auf den Boden stellst, aufstehst und Deinen Weg machst?

Es ist nicht so wichtig, was diese B-Ziele sind. Die sind eigentlich völlig wurscht, die machen wir nur, damit wir irgendwas zu tun haben und weil sie natürlich auch Spaß machen.
Doch was wirklich zählt, ist das C-Ziel. Und ich habe nur dieses Eine und ich weiß genau, was ich mit diesem ganzen Geld machen werde. Ich weiß, ich werde Häuser kaufen für meine Stiftung, damit Frauen da wohnen können und all solche Sachen. Und es ist einfach nur galaktisch geil!

Ich werde später eine Förder-Foundation gründen, die nur mit Startups arbeitet. Ich hab da richtig große Ziele und ich will richtig vielen Leuten helfen, in ihre finanzielle Freiheit und ihre Selbstbestimmtheit zu kommen. Deswegen machen wir den ganzen Quatsch. Wir finden das richtig cool.

Auf dem Weg zum C-Ziel triff für dich das Commitment, jede Abkürzung zu nehmen, die es gibt.

Stell Dir vor, Dein C-Ziel ist die Spitze des Mount Everest.

So ein krass hoher Berg. „Scheiße! Wir soll ich da rauf kommen?", wäre Dein erster Gedanke. Wir sind aber schon oben, einfach so, Bibbeldibabbeldibupp zack, oben gelandet.

Und jetzt schauen wir nach unten. Ich weiß, das kann man sich jetzt nicht so gut vorstellen, aber mach das mal. Und jetzt schauen wir von der Bergspitze, wo wir stehen, so ganz safe mit Sauerstoffflasche, alles ist gut. So gucken wir nach unten, in diese ganzen Eispickel, wo so jeder sein pinkes, sein lilanes, sein blaues Seil drin hat. Diese verschiedenen Seile von den ganzen Leuten, die schon diese Wege hoch getrampelt sind, hängen in verschiedenen Eispickeln.

Und jetzt kannst Du mal für Dich überlegen:

In welchen Eispickel würdest Du Dein Seil hängen?
Welches Tool passt zu Dir?
Welche Strategie passt zu Dir?
Welcher Kunde passt zu Dir?

Welche Art des Marketings passt zu Dir?

Darauf will ich näher eingehen: Wie ist Dein Marketing?

Dabei ist es wichtig, dass Du Phase 1, 2 und 3 Kunden kennst. Es ist wichtig, dass Du weißt, mit welchem dieser drei Kundentypen Du sprichst und dementsprechend kannst Du Dein Marketing ausrichten.

Das ist super wichtig, denn die meisten Coaches da draußen, sprechen mit den klassischen Phase 1 Kunden. Mit den Kunden, die nur mit ihrem Problem identifiziert sind und eigentlich nur rum jammern wollen.

Phase 2 Kunden jedoch wissen, sie haben ein Problem und wollen zur Lösung, vergleichen aber immer noch und Phase 3 Kunden, die kaufen einfach.

Die meisten Coaches labern im Marketing:
Dein Problem ist xyz, ich habe hier diesen Lösungsweg. Am Ende gibt es einen CTA (Call to action), eine Handlungsaufforderung: Komm in meine Gruppe, buch mein Programm, abonniere meinen Newsletter, höre Dir meinen Podcast an. Blablabla.

Das sind so die klassischen Posts. Ich bin mir sicher, die hast Du schon oft gesehen. Die funktionieren nicht!
Achtung! Der Phase 1 Kunde ist ja mit seinem Problem identifiziert, er möchte gar nichts verändern. Deswegen wirst Du auch Dein Angebot nicht verkaufen. Punkt.

Dir muss also bewusst sein, dass nicht alle Coaches wirklich erfolgreich sind.
Viele krebsen rum und ich bin mir sicher, Du fühlst Dich jetzt auch erwischt und das ist gut so. Du hast bestimmt auch schon bei mindestens fünf verschiedenen Coaches irgendwas gebucht. Und ich sage Dir, das ist nicht gut und deswegen bist Du noch nicht da, wo Du sein willst.

Du hast die Entscheidung für Erfolg noch nicht getroffen.

Entscheide Dich jetzt in diesem Moment für Erfolg.
#KompromisslosAsFuck. Ja, das sollte Dein neuer Hashtag sein!

Und Du musst Dein Commitment verändern. Und zwar so, dass Du jeden Tag, wenn Du aufstehst, einmal kurz Dein C-Ziel visualisierst oder kurz drüber nachdenkst.
Schick Deinen ersten Gedanken dahin und frag nach einem Impuls.

Sei bereit, jede Abkürzung zu gehen.
Such Dir einen geilen Mentor, mit dem Du gehst oder eine geile Mentorin, am besten mich natürlich.

Ja und dann gehst Du einfach strikt geradeaus auf Dein Ziel zu und dann wirst Du es auch verdammt nochmal erreichen!

Wichtigster Success Shift: Erfolg = Er folg(t)

Erfolg zu kreieren ist Dein Geburtsrecht!

Niemand entscheidet für Dich über Sieg oder Niederlage!

Krass, wenn der #Cashflow kommt!

Wenn der Cash-Flow kommt, dann sind wir in erster Linie völlig überfordert.

Unser schlechtes Money Mindset beschert uns eine Fantastillion-Trilliarden negativer Glaubenssätze zum Thema Geld.

In meinem Fall war einer der Haupt-Glaubenssätze, die ich hatte, dass Männer Geld benutzen, um Frauen zu manipulieren.
Das war von Kindesbeinen an in meinem Kopf drin und hat sich so durch mein ganzes Leben gezogen. Schließlich hat es dazu geführt, dass ich mich irgendwann über das Geld gestellt habe und ich dachte:

Ich brauche kein Geld.

Ich brauche keine Männer, die mich mit Geld manipulieren. Ich brauche das nicht. Ich halte das aus meinem Leben fern. Ich will damit nichts zu tun haben.

Dann habe ich mich entschieden, die Verantwortung für mein Geld zu übernehmen und mich aktiv mit dem Thema Geld auseinanderzusetzen.

Ich entschied, mich aktiv mit meinen Finanzen und meinem Kontostand zu beschäftigen, sodass ich mich auch aktiv um das Bezahlen der ganzen Rechnungen kümmerte.

Wie ich das trotz meiner nega Prägung zum Thema Geld bewältigen konnte, lernst Du übrigens in der MoneyPorn.

All diese Dinge habe ich gelernt, transformiert und umgesetzt und natürlich sind dabei unglaublich tiefe, schmerzhafte Glaubenssätze zum Vorschein gekommen.

Jeder von uns hat ein Thema mit Geld und es ist immer ein emotionales Thema.

Entweder tut es so weh, dass wir uns von Geld und den zugehörigen Gefühlen distanzieren müssen, oder es ist ein Thema, das uns so bewegt, dass wir super emotional werden.

Heute liebe ich Geld.

Geld ist wie mein bester Freund! Wir hängen ständig zusammen rum und machen cooles Zeug, kreieren irgendwelche Stiftungen oder was auch immer.

Geld ist tatsächlich mein bester Freund und ich liebe das, wenn Geld zu mir kommt.

Genauso liebe ich es, wenn Menschen für sich selber ein Commitment setzen und bereit sind, in sich zu investieren. Einer meiner Lieblingssätze diesbezüglich ist:

„Als Frau Geld zu kreieren, ist ein absoluter Ausdruck von Selbstliebe".

Doch wenn dann Geld in unser Leben kommt, wir vielleicht zwei-, drei-, vier- oder fünfstellige Umsätze machen, kommt oft prompt diese Finanzamt-Sorge:

„Oh Gott, wie viel Geld bekommt denn jetzt der Staat? Ich kann nicht so viel Geld machen, weil dann kriegt der Staat so viel. Da muss ich so viel Steuern bezahlen, da muss ich bla. Da kommt noch, was weiß ich, Gewerbesteuer und in Zukunft die Einkommenssteuer-Vorauszahlung hinzu".

Zack, dreht unser Gehirn durch und sagt:
Oh, lieber doch nicht so viel Geld! Lieber schön unter 17.500 Euro und in der Kleinunternehmer-Regelung bleiben ... damit das Finanzamt bloß nix abbekommt.

Das ist ein entscheidender Denkfehler. Nicht nur, dass unsere ganzen verkackten Glaubenssätze zum Thema Geld uns einen Strich durch die Rechnung machen, sondern, dass wir auch noch glauben, je mehr wir kriegen, desto mehr müssen wir abgeben.

Also ab heute rechnest Du so: Ich will 5, ich brauche 10, ich will 10, ich brauche 20 und so weiter. Und schon hast Du diese Finanzamt-Sorge eliminiert, die ist zerstört und kommt nicht wieder. Leck mich am Arsch, diese Sorge. Verpiss dich.

Der nächste Punkt ist, dass wenn Du einmal so viel Geld gemacht hast, und es ist egal, es können 333 Euro sein, es können 17.500 Euro sein, es ist völlig egal, das sind jetzt so ein paar Summen, die die Frauen in meiner MoneyPorn kreieren, dann gibst Du dieses Geld auf einmal wieder aus und es ist weg. Oh mein Gott, jetzt hast Du so viel Geld gemacht und schwuppdiwupp ist es wieder weg, weil irgendeine Rechnung reingeflattert kam, Du irgendein Coaching gebucht hast, was auch immer. Das Geld ist weg.

Ich persönlich hab das tatsächlich so gemacht: jeden Cent, den ich eingenommen habe, hab ich wieder in mein Business investiert, entweder in eine Fortbildung oder in mein Team. Und ich bin ganz schnell mit einem Team gestartet, weil ich es nur so geschafft habe, in einem Jahr das aufzubauen, was ich jetzt erreicht habe.

Jeder Cent war es wert. Ich habe über 50.000 Euro in einem Jahr in Coachings investiert, in mich selbst und bin so dankbar, weil ich so unglaublich viel gelernt habe. Über mich, über meine verkackten Glaubenssätze, über meine eigenen Limitierungen und darüber, einfach diesen ganzen Scheiß zu crashen und das zu machen, worauf ich richtig, richtig Bock hab. Und auf einmal war ich sechsstellig. Also das ist der Gewinn daraus für mich gewesen.

So, jetzt kommt aber das Geld rein und Du gibst es wieder aus und denkst das Geld ist weg.
Wie kommt dann bitte schön wieder neues Geld zu mir?
Und dann passiert was?

Wir fallen aus dieser Geldmacher-Energie raus, aus dieser High Energy. Dann ist die weg, dann fallen wir und fallen wir und fallen wir. Und wenn kein neues Geld reinkommt, dann fallen wir immer tiefer.

Dann kommen diese ganzen Mindfuck-Tangos zurück, dann kommen die ganzen Selbstzweifel wieder. Dann kommt dieser ganze Bullshit-Fuck wieder, von wegen: „Alle hatten recht. Selbstständigkeit ist nichts für mich. Besser ich gehe wieder ins Angestelltenverhältnis." Oder: „Als Frau Geld zu verdienen funktioniert ja eh nicht. Ich habe ja Kinder." Kurze Randnotiz: ich habe vier Kinder und bin alleinerziehend!

Wenn Du irgendwo gelesen hast, ich bin verheiratet ... stimmt, war mal so, ist jetzt nicht mehr so.

Also Du fällst aus Deiner Energie raus. Und wenn Du dann niemanden an Deiner Seite hast, keinen Sparringpartner oder Team-Mitglieder oder einen Coach oder was auch immer, der dich wieder in Deine Energie zurückholt, dann fällst Du immer tiefer und tiefer und tiefer und kommst da wahrscheinlich alleine nicht mehr raus.

Das ist gar nicht so schlimm. Das geht garantiert 90 Prozent aller erfolgreichen Menschen so, denn auch Erfolg will trainiert werden wie ein Muskel. Die ganze Mindsetarbeit trainieren wir auch konstant, und so müssen wir auch Cash-Flow trainieren. Das ist auch ein Muskel.

Dann haben wir also diesen hohen Peak erreicht. Hey geil, Summe X ist gekommen, was auch immer, sagen wir jetzt erst mal 10.000 Euro hast Du geschafft. Geil! 10.000 Euro Umsatz gemacht. Mega. Dein Ziel ist erreicht. Mega cool.
Was passiert jetzt? Du denkst, das schaffe ich nie wieder. Wie soll ich das denn nochmal schaffen? Ich weiß gar nicht mehr, wie ich das angestellt habe. Ich weiß gar nicht mehr, warum das passiert ist.

Vielleicht warst Du gerade in irgendeinem richtig coolen Coaching. Die Energie war richtig hoch. Du hast Dich richtig gut mit Dir und Deinem Mindset beschäftigt und auf einmal hast Du so eine heftige Summe gemacht.
Und so ist es übrigens bei den meisten, und dann denkst Du das schaffe ich nie wieder. Das war jetzt der Höhepunkt meiner Karriere, das ist vorbei, kommt nicht mehr zurück. Und Deine Mindfuck-Tangos tanzen eine endlose Party und nerven Dich richtig ab und machen Dich wieder kleiner, kleiner und kleiner und kleiner.

Was Du tun kannst, ist, dass Du Dir einfach einen Mentor an Deine Seite holst, der zumindest auf dem Kurs ist, wo Du hinwillst. Ich weiß ja nicht, was Dein finanzielles Ziel ist oder welche luxuriösen Träume Du hast oder wo Du Dich wohltätig investieren möchtest. Vielleicht möchtest Du Immobilien später kaufen, was auch immer. Vielleicht möchtest Du wie ich irgendwann elf Firmen haben. Okay, das war mein Ziel mal vor einem Jahr. Haken hinter, fertig! Nimm Dir einen Mentor.

Alle erfolgreichen Menschen, mich inklusive, gehen mit einem Mentor. Und zwar Einem. Kann sein, dass Du für gewisse Sachen nochmal einen anderen Coach oder Trainer oder sonst irgendwas brauchst. Doch wenn Du wirklich erfolgreich sein willst, nimm Dir einen Mentor. Bleib da treu, bis Du das Ziel, das Du mit dem Mentor erreichen wolltest, entweder erreicht hast oder aus dem Ziel rausgewachsen bist. Und dann gehst Du einfach weiter. Und das ist völlig in Ordnung und das darf Dir kein Mentor dieser Welt übelnehmen.

Darum triff jetzt in diesem Moment eine Entscheidung für Dich, wirklich mit dem Mentor zu gehen, der Dich versteht. Der schon da ist, wo Du jetzt bist, das ist ganz wichtig. Wenn Dein Mentor nicht mindestens am gleichen Punkt bist wie Du, kann er nicht Dein Mentor sein. Das geht nicht, denn er kann nicht hundert Prozent verstehen, was Du durchmachst und gerade wir Scanner, brauchen ganz besondere Coaches und Mentoren, die auch mal verstehen, dass wir uns gerade völlig sperren und boykottieren und die uns dann nicht noch eins draufhauen, sondern uns einfach mal kurz von der Leine lassen und sagen „Okay, chill mal 'ne Runde und entspann Dich und komm zurück, wenn Du wieder bereit bist weiterzugehen".

Ich für meinen Teil, ich bin dieser Coach geworden.

Für mich war das so klar, dass ich diesen Coach da draußen nicht finde, zum damaligen Zeitpunkt, dass ich mich immer weiterentwickelt habe und dieser Coach geworden bin, den ich selber gerne gehabt hätte, um heute dieser Coach, diese Mentorin für Dich zu sein.

Ich hoffe wirklich für Dich, für Dein Business, für diese PS, diese Energie, die Du rausbringen willst, mit der Du diese Welt wunderschöner, reicher und wertvoller machen möchtest, dass Du da jetzt eine geile Entscheidung für Dich triffst und einfach sagst: „Okay, los geht's. Ich bin dabei."

Von mir aus werde eine Next Generation Bosslady. Bewirb Dich bei mir, komm in meine Community, sei einfach ein Teil davon und wachse.

Als Frau Cashflow zu kreieren ist ein absoluter Ausdruck von Selbstliebe!

Geld ist das Tool der Wahl, um Dir alles zu ermöglichen!

Geld ist ein Verstärker dessen, was schon an Genialität in Dir schlummert!

#ChooseSuccess | Ist Erfolg Glückssache?

Die Tatsache, ob Erfolg Glückssache ist oder doch etwas mit Können zu tun hat, schauen wir uns einfach mal jetzt hier ganz genau an.

Erfolg stellt sich immer dann ein, wenn Du konsequent Dein Ziel verfolgst und im Umsetzungsmodus bist.

Wo Dein Fokus ist, da ist Deine Energie.

Und wenn Du in meinem Coaching bist, dann lernst Du einen Satz: Erfolg, erfolgt. Das ist einfach so. Der Erfolg folgt Dir, wenn Du auf Deinem Weg bist.

Was aber ganz oft mit uns Scannern passiert ist, dass uns ein Haufen Zeug begegnet, das uns permanent ablenkt.

Oft ist es so, wenn wir den Glaubenssatz haben „Wir können nicht so erfolgreich sein, weil unser Partner uns nicht unterstützt.", dass wir dann anfangen mit unserem Partner zu streiten. Ein schlauer Saboteur-Mechanismus, der da funktioniert, um dann unserem Partner die Schuld dafür zu geben, dass es wieder nicht funktioniert hat. Achtung Drama-Dreieck!

Ja, das hier ist jetzt voller Achtung für Dich.

Was ist Dein Ziel mit Deinem Business?

Wie viele Tausende von Euros Umsatz willst Du im Monat haben,

Wie viele neue Kunden willst Du gewinnen?
Wie viele von Deinen Kunden willst Du in Dein höheres Programm upleveln?
Wie viele neue Leads möchtest Du sammeln?
Wie viel Reichweite mit Deiner Ad-Anzeige bekommen?

Konzentriere Dich auf messbare Werte - Zahlen Daten Fakten!

Das ist ein wichtiger Faktor. Wir müssen den Fokus auf unsere Ziele richten und immer wieder unsere Energie auftanken.

Achtung, Selfcare!
Fokus auf Selfcare legen, damit unsere Energie immer hoch bleibt.

Erfolgreiche Menschen haben auch einen ganz magischen Satz, der ihnen so viel erleichtert. Ich liebe diesen Satz. Und wenn Du ihn hörst, wird es ab heute Dein Lieblingssatz.
Er ist ganz einfach, Du brauchst Dir nicht viel merken.

Achtung, hier ist er: „Nein!".

„Nein" ist ein kompletter Satz, der keiner Erklärung bedarf.

Mit einem Nein kannst Du alles Mögliche ausdrücken, aber vor allen Dingen:

Hier ist eine Grenze.
Das mache ich nicht.
Das brauche ich nicht.
Das will ich nicht.
So kannst Du mit mir nicht umgehen.

„Nein" ist deshalb so magisch, weil es Deinen Terminkalender radikal leer machen wird. Wenn Du ein Problem damit hast, nein zu sagen, empfehle ich Dir mal 14 Tage am Stück tatsächlich zu allem und jedem ständig nein zu sagen.

Das wird Dir am Anfang komisch vorkommen und Dein Umfeld wird Dich auch ganz komisch wahrnehmen. Und bestimmt sind die, die es gewohnt sind, von Dir ein „Ja" zu hören am Anfang sehr genervt von Dir, doch Du wirst merken, dass sie schlagartig aufhören, Dich Dinge zu fragen.

Nämlich aus folgendem Grund: Die Leute fragen Dich nicht, weil Du so der super Experte für irgendetwas bist oder weil Du die super Nette bist oder weil Du die super Geile bist, sondern sie fragen Dich, weil Du einfach immer ja sagst.

Das ist das ganze Geheimnis.

Und wenn Du nein sagst, dann hast Du auf einmal mehr Zeit für Dich und Achtung!: Sie finden jemand anders, der für Dich ja sagt. Voll cool. Drama-Dreieck!
Schau mal, dass Du hier nicht in der Superhelden-Position festhängst, denn auch das ist etwas, was Dir Deinen Fokus raubt, wenn Du immer wieder Dinge für andere machst und in die Verantwortung gehst für sie. Bleib mal bei Dir.

Das ist der ultimative Erfolgsbooster dieser Satz: Nein! Punkt.

Erfolg setzt eine Entscheidung voraus, nämlich diese, erfolgreich zu werden.

Das Wort Erfolg ist für manche von uns vielleicht auch komisch belegt.

Vielleicht haben wir Menschen im Kopf, die ihren Erfolg auf den Rücken anderer bekommen haben. Vielleicht denken wir an große kapitalistische Firmen, die gewisse Gruppen in dieser Welt ausnutzen. Vielleicht denken wir auch an so superduper High Class Coaches, die aber irgendwie schon seit 25 Jahren auf dem Markt sind, oder seit 20 Jahren, und von denen man das Gefühl hatte, sie hatten diesen Über-Nacht-Erfolg. Das ist bei 99,999 % der Fälle überhaupt gar nicht so!

Business hat immer was mit Aufbau zu tun.
Und natürlich kannst Du Dir die Tools der Manifestation hier zugute machen und Dir natürlich nur das Beste vom Besten manifestieren.
Klarer Fall, wir manifestieren immer, das ist gar kein Prozess, den wir bewusst oder unbewusst machen, also bewusst oder unbewusst abstellen können, wir machen ihn natürlich bewusst oder unbewusst, und können dann natürlich unseren Fokus auf das tun, was wir wirklich, wirklich wollen.

Deswegen triff auch gerne jeden Tag neu diese Entscheidung.

Osho hat gesagt, dass Atem Leben ist und mit jedem Ausatmen sterben wir und mit jedem Einatmen sind wir neu geboren.

Das bedeutet für mich: Du kannst in jeder Sekunde, in der Du einatmest eine völlig neue Entscheidung treffen und in dem Fall die Entscheidung für Erfolg.

Und eine Sache kommt im Business viel zu kurz:
Business muss Spaß machen!

Ich sag ganz oft, es muss sexy sein, sonst machen wir es nicht.
Es muss Spaß machen, sonst machen wir es nicht.
Wenn es anstrengend wird, machen wir es nicht.

Das kann ich sagen, weil ich natürlich mit einem Haufen geiler Rockstars arbeite. Ich arbeite nur mit den Besten, der Besten, der Besten zusammen, egal in welchem Business, was ich gerade aufbaue.

Und wenn Du noch kein Team hast und noch nicht weißt, wie das geht, ist das gar nicht schlimm. Das kannst Du bei mir in der Next Generation Bosslady lernen.

Was Du aber wissen musst ist, dass Business ein Spiel ist. Manchmal verlierst Du, meistens gewinnst Du!

Warum ist das so wichtig? Ich habe auch schon Geld verloren.
Ich habe schon investiert und das hat nicht funktioniert. Ich habe schon unglaublich viel Geld in Facebook Ads verloren.
Ich habe schon mal ein Co-Coaching Projekt gemacht und auch da haben wir den Launch verkackt und haben nichts verkauft, obwohl wir echt gute Zuhörerzahlen hatten im Webinar. Wir hatten 100 Anmeldungen, 70 waren live dabei und so weiter und so fort.
Und im Nachgang haben wir natürlich rausgefunden, warum das nicht funktioniert hat. Das ist immer wichtig: die Fehleranalyse, die ist voll das Geschenk. Also wenn was richtig verkackt, dann ist das ein Riesengeschenk, weil dann kannst Du besser werden, dann kannst Du eine Fehleranalyse machen.

Auch wenn Du auf der einen Seite was verloren hast, ob das Geld oder Zeit ist, Energie, potentielle Kunden oder was auch immer, gewinnst Du auf der anderen Seite richtig viel, nämlich Erfahrungswerte, die unglaublich wichtig sind im Business.

Es gibt so viele Greenhorns hier, ich weiß gar nicht, ob man das Wort noch benutzt, die sind so brand new, die fallen einmal hin, holen sich eine kleine Schramme und heulen was das Zeug hält und schmeißen alles wieder hin.

Ich will fast behaupten, das sind Kinder von Helikoptereltern! Ihr wisst schon ...

Im Business ist es auch so.
Wir fallen hin, wenn wir laufen lernen, wie kleine Kinder. Merkt euch diese Metapher. Ja, wir stehen auf, wir fallen hin. Zuerst stoßen wir uns aber den Hinterkopf, das sind so die dummen, naiven Ideen, die dann abfallen.
Dann ist der nächste Schritt wir stehen auf und fallen wieder auf unsere Knie. Das ist dann die Disziplin, die wir lernen, konstant an etwas dranzubleiben.

Und manchmal ist es so, ja gerade bei uns Scannern, dass wir jeden verdammten Scheiß persönlich nehmen.

Das ist, wenn Dein Coach Dir sagt, also wenn ich Dir sage: Ja, Dein Schreibstil ist nicht gut oder Deine Texte sind noch nicht so zielgruppenorientiert, Dein Marketing ist noch zu schwammig, Deine Positionierung ist nicht klar, Dein Standing hast Du noch nicht eingenommen.

Dann kann Du Dich hinsetzen und rumheulen und sagen „Ah, die Jessica ist aber gemein" oder Du kannst denken „Geil! Die hilft mir noch mehr zu werden, wer ich wirklich, wirklich bin".
Für mich ist nicht wichtig, dass Du so bist, wie ich Dich haben will. Für mich ist einzig und allein wichtig, dass Du das Potenzial aus Dir rausholst, was da drinsteckt, denn nur dann kommen Deine Kunden zu Dir.

Nur dann kannst Du erfolgreich sein. Nur wenn Du Dich traust, Du selbst zu sein mit Deinem ganzen Wording, mit Deinen ganzen Kanten und Macken.
Und es geht nicht darum, alles nach draußen zu tragen. Es geht nicht darum, jedes Storytelling, alles was Dir passiert ist, in die Welt zu

bringen, sondern darum, Dir ein paar richtig wichtige, wertvolle Punkte, über Dich, Deine Persönlichkeit, Deine Geschichte zu wählen und mit denen nach draußen zu gehen. Dann wirst Du echt und dann bist Du für die Leute interessant und dann wirst Du für sie greifbar.

Und es gibt viele verschiedene Wege, das zu transportieren. Einer von denen ist dieses Buch. Und es gibt noch viele, viele weitere.

Erfolg ist keine Glückssache, sondern Erfolg ist eine Entscheidung.

Erfolg ist eine Strategie, dieser es nachzugehen gilt, auch wenn es mal gerade ein bisschen schwer ist. Erfolg ist der Grund-Wunsch, immer besser zu werden.
Nicht dieses „Ich bin schon die Allerbeste und die aller Geilste und alle können mich mal. Das ist so eine falsche Rockstar Arroganz. Das ist einfach nur Bullshit Arroganz.
Sondern es geht darum zu sagen „Hey ich steh hier und morgen hier und danach da und dann noch weiter oben und up and up fucking only".

Es geht nicht mehr bergab.
Wenn Du wirklich auf dem Erfolgsweg bist, und das musst Du wissen, dann geht's nicht mehr bergab.

Du fällst hin, schrammst die Knie auf, verlierst ein paar tausend Euro bei einer Facebook Ad. Du hast investiert und es hat nicht funktioniert, hast Geld verloren, weil Du keinen Umsatz gemacht hast. Und dennoch gibst Du nicht auf.

Und das unterscheidet die Next Generation Boss Ladies von den Möchtegern-Online-Unternehmerinnen da draußen. Ja, wir haben auch ein bisschen Biss!

Wenn Du das verstanden hast, was ich Dir hier mitteile, dann kann es gar nicht mehr anders werden, dann ist Erfolg die logische Konsequenz aus all Deinem Handeln.

Wenn Du Dein Ziel im Fokus hast, gehst Du automatisch darauf zu.

Du bestimmst das Tempo, also werde schneller!

Sei jeden morgen #NextLevel

#GetTheHighPeakAgain | Punktlandung - wie schaffe ich das wieder?

Bei der Punktlandung geht es darum, immer wieder diesen hohen Erfolgspeak zu bekommen.

Was ist dieser hohe Peak?

Das ist die heftigste Meisterleistung, die wir in unserem Business bisher vollbracht haben. Es kann sein, dass Dein hoher Peak bei 10.000 Euro, 50.000 Euro, 100.000 Euro oder noch höher liegt.

Diese Punktlandung passiert meistens, wenn wir gerade, zusammen mit coolen Leuten, mit denen wir uns in der Energie gegenseitig hochpushen, in einem Coaching Programm sind.
In den seltensten Fällen passiert es, dass wir diesen hohen Peak erreichen, ohne dass wir jemanden im Rücken haben, der uns stärkt und unsere Energie mit aufbaut.

Deswegen ist es so unglaublich wichtig, sich von Energie-Vampiren und all diesem Bullshit aus der Vergangenheit loszulösen, um wirklich, wirklich frei zu werden.

Beim hohen Peak, also dieser Punktlandung, ist es auch manchmal so, dass wir eine gewisse Kunden-Treppe aufgebaut haben, ein Running System sozusagen, wir aber keine Lust mehr haben - gerade wir Scanner, Achtung! - dieses System ständig zu wiederholen.

Also fangen wir mit einem 50 Euro Angebot an, dann gehen wir in den Hunderter Bereich, dann in den Tausender und dann vielleicht ins Fünfstellige - wenn wir schon in unserem Mindset in der Premium Sequenz sind.

Nur haben wir keine Lust, wenn wir diese Treppe einmal, zweimal erfolgreich gemacht haben, zu wiederholen. Dann wollen wir das einfach nicht mehr machen.
Das ist dann einfach nicht mehr für uns, weil wir uns ja weiterentwickeln, die Art und Weise, wie wir unser Angebot launchen, wie wir uns präsentieren, wie wir sprechen, wie wir unser Angebot verkaufen und somit auch die Soulmates, die wir ansprechen.
Alles entwickelt sich weiter.

Bei uns Scannern ist das dann oft nach einem Durchgang so wie: „Haken hinter. Nächster Kick bitte!".

Darüber habe ich schon in meinem ersten Buch geschrieben:

Euphorie ist unsere Droge und wir wollen diesem Kick immer noch eins draufsetzen.
Das ist der Grund, warum wir, auch wenn wir so einen hohen Peak hatten, vielleicht glauben, wir können ihn nicht mehr toppen und es deswegen gar nicht mehr anstreben, dahin zu kommen. Wir wollen einfach einen Haken dahinter machen und denken: „Okay, wo ist der nächste Holy Shit?".

Das ist einer der Gründe, warum ich so viele Firmen habe, weil mir mit nur einer einzigen todlangweilig wäre. Ich langweile mich einfach schnell und den meisten Scannern, die ich kenne, geht es auch so.

Gleichzeitig ist diese Angebotskette eben auch super anstrengend für uns.

Je nachdem wie lange Deine Programme laufen, ob Du sie live betreust oder sie gar komplett live durchführst, ist es sehr anstrengend.

Denn natürlich geben wir für unsere Kunden mindestens 250 Prozent.

Das bedeutet, wenn Du eine scannertaugliche Launch Phase von 2 Wochen, statt der allgemein üblichen 6 Monate, durchführst, dann für vielleicht eine Woche mit den gewonnenen Kunden in ein kleines Programm gehst und parallel wieder das nächste größere Angebot launchst bis Du endlich Dein Premium Angebot verkaufen kannst, dann bist Du womöglich ein ganzes Quartal damit beschäftigt.

Du steckst Deine ganze Energie in diese Prozesse, um potentielle Kunden abzuholen und aufzubauen - wie anstrengend ist das denn bitte?!

Wir verplempern also unglaublich viel Zeit.

Bei mir wäre es theoretisch noch länger, weil eines meiner Programme allein schon über einen Zeitraum von 3 Monaten geht: die Next Generation Bosslady.

Eine weitere Herausforderung ist zudem, dass sich unsere Zielgruppe eben auch verändert.
Und wenn wir dann immer die gleichen Programme launchen, weil wir uns irgendeine Mindfuck-Tango-Kacke erzählen, dann passiert aber Folgendes:
Wir haben einen Moment der Klarheit, rasten richtig aus, und machen alles kaputt.

Schluss mit Business! Schluss mit Programmen! Schluss mit Zielgruppe!

Ich gehe jetzt und mache Seifen!

Und damit das nicht passiert, müssen wir uns ins Bewusstsein rufen, dass, wenn wir uns verändern, sich auch unsere Zielgruppe verändert.

Das bedeutet, die Programme, die wir einmal erstellt haben, sind für unsere alte Zielgruppe. Die Energie, in welcher wir aktiv waren, ist natürlich weiterhin wertvoll, doch für Menschen, die wir gar nicht mehr ansprechen, weil wir uns ja weiterentwickelt haben.

Hier liegen die Vorteile der Automatisierung in unserem Business auf der Hand. So kannst Du verschiedene Zielgruppen ansprechen.

Wie die Umsetzung aussiehst, lernst Du auch in meinem großen Programm.

Es geht also darum zu schauen, wie wir die Dinge, die wir einmal erstellt haben, für die Menschen nutzen können, für die wir sie erstellt haben, ohne dass wir diese aktiv bewerben müssen!

Wie anstrengend ist es doch, wenn wir zwei Zielgruppen bewerben?!

Manche von euch sind so:
Ich mache hier in Öle und da in Multi Level Marketing und habe noch ein Coaching Business und eigentlich habe ich auch noch eine Modeboutique und bin zudem auch Tupperware Profi.

Manche von euch haben so viele Businesses, aber so viele verschiedene und ihr bespielt die alle alleine.
Und dann wird's schwierig!

Ich habe auch viele Businesses. Ich verstehe das ja, aber ich bespiel die nicht alleine. Ich hab in jedem Business ein gutes Team.

Fakt ist, wir vergessen, uns über die neue Zielgruppe Gedanken zu machen, wenn wir immer wieder neue Angebote kreieren, weil wir denken, die erste definierte Zielgruppe ist noch unsere aktuelle Zielgruppe.

Wenn Du aber nicht weißt, wer Deine neue Zielgruppe ist, kannst Du Dein neues Programm auch nicht verkaufen. So einfach ist das.

Wenn wir also verstehen, wie wir diesen hohen Peak immer wieder erreichen können, dann ist z.B. eine Automatisierung ein cooles Tool, das uns dabei super unterstützt.
Dann wird unser Erfolg kontinuierlich.

Wie ist es bei Dir? Hast Du Deine „neue" Zielgruppe wirklich klar vor Augen?

Gibt es bestehende Angebote, die geeignet sind, sie automatisiert zu verkaufen?

Es wird EPISCH, wenn Du Deine Zweifel loslässt!

Glaube an Dich, das ist mehr Wert, als jede Strategie!

Sei überzeugt von dem was Du für Deine Kunden tust!

#UpAndUpOnly So wird Erfolg kontinuierlich

Kontinuierlich erfolgreich zu sein, ist ein Thema, was viele von uns umtreibt.
Wir haben schon über die Sache mit dem hohen Peak gesprochen und dass Automatisierung ein wichtiges Tool ist, um unser Business auf ein entsprechendes Niveau zu skalieren.

In diesem Kapitel geht es nun darum, sich genauer anzuschauen, was wir wirklich brauchen, um konstant erfolgreich zu sein!

Mindset goes always first

Vor allem brauchen wir ein Mindset, welches wir ständig weiterentwickeln. Das ist essentiell wichtig - glaube mir!

Schau mal genauer hin:

Worüber denkst Du nach?

Wo biegen Deine Gedanken immer wieder ab auf Deinem Weg zu Deinem Ziel?

Welche Themen beschäftigen Dich?

Wo drehst Du Dich im Kreis?

Was hält Dich davon ab, wirklich groß zu denken?

Welche Glaubenssätze kommen Dir immer wieder und Du bist deswegen so limitiert?

Wenn Dein Mindset nicht stimmt, dann ist es scheißegal, ob Du eine geile Strategie hast, dann ist das egal, ob Dein Preis sexy as hell ist, dann ist alles scheißegal.
Das ganze Ding wird Dir um die Ohren fliegen, egal welchen Angebots-Pitch Du vorbereitest, welche Launch-Strategie Du benutzen willst, welche Facebook Community Du aufbauen möchtest oder wie oft Du E-Mails schreiben willst.
Wenn Dein Mindset beschissen ist, dann rockt die ganze Sache nicht. Dann war das alles umsonst.

Also wenn Dein Mindset noch ungefähr so ist: „Weiß nicht. Ich kann mich nicht entscheiden, kann ich so einen hohen Preis nehmen? Ich kann ja die Leute nicht vergraulen. Ich will mich doch um jeden kümmern. Ich bin doch für alle da."

Dann ist Dein Mindset Scheiße.

Und es wird machen, dass Dein Business nicht läuft. Das ist einfach die fucking Wahrheit.

Team aus Rockstars, bitte!

Wenn Du kontinuierlich erfolgreich sein möchtest, brauchst Du ein geiles Team.
Ich weiß, dass wenn wir uns mit einem Online-Business selbstständig machen, dann haben wir erst einmal kein Geld, welches wir in ein Team investieren können.

Also machen wir was?
Wir machen alles alleine.

Wir bauen unsere Website selbst, wir schreiben unsere Verkaufstexte selbst, wir machen alles selbst.

Fakt ist, wenn Du wirklich wachsen willst, brauchst Du ein Team.

Oder hast Du vor Deinen 9-to-5-Angestellten-Job gegen einen 9-to-5-Online-Business-Job einzutauschen?

Dann hätte sich nicht viel verändert, außer, dass Du für das gleiche Geld doppelt so viel arbeiten musst. Fiese Sache.
Das heißt, wenn Du vorher vielleicht 1.500 - 2.500 Euro bekommen hast, dann musst Du auf einmal 5.000 Euro erwirtschaften und das kostet dich doppelt so viel Zeit wie in Deinem Job vorher.
Das ist einfach so. Gerade wenn wir starten.

Das ist so ein mieses Geheimnis, das Dir kaum einer verrät.

Deswegen ist es so unglaublich wichtig, dass Du Dir, sobald Dein Business anfängt Einnahmen zu generieren, ein Team aufbaust.

Jeder in meinem Team hat seine Expertise und ist da der absolute Ober-Rockstar.
Da halte ich schön meinen Mund, denn die wissen ganz genau, was sie tun.
Ich sage immer nur, was ich möchte und die sagen mir, wie lange sie dafür brauchen. Und so funktioniert das bei uns im Team.

Das ist der Schlüssel für Erfolg!
Jeder in meinem Team hat ein eigenes Team, das kommt auch noch dazu. Sie alle ticken wie ich!

Mit einem solchen Team kannst Du all diese tollen Aufgaben abgeben, die dich den ganzen Tag nerven, oder die Du nicht gerne machst, oder womit Du kein Geld verdienst.

Automatisierung lässt Dein Business wachsen

Automatisierung sollte ein Prozess sein, über den Du Bescheid weißt und ihn am besten von Anfang an gleich richtig aufstellt. So vermeidest Du, dass Du immer wieder nachjustieren musst.

Und hier mein guter Rat:
Produziere vom ersten Tag an Content, den Du so geil findest, dass Du ihn immer wieder benutzen kannst.
Das ist der erste Tipp für die Automatisierung.
Wenn Du Kurse hast, nimm' diese auf und verkaufe die Aufnahmen später als sogenannte Videokurse. Du kannst auch Audiokurse daraus machen.

Dann geht es natürlich um bezahlte Werbung.
Unterschätze hier nicht die Bedeutung der Marktrecherche. Es gibt verschiedene Formen, wie Du Advertising nutzen kannst.

Fakt ist aber, Du brauchst coole Metadaten, die zielgruppenorientiert sind. Das bedeutet, wenn Du in irgendwelchen Spammy Posts „Hier ist mein Link, liked alle meine Seite" teilnimmst, dann wird das dazu führen, daß es nicht den richtigen Menschen ausgespielt wird, sondern denen, die bei solch einer Aktion Deinen Post geliked haben. Völlig egal, ob sie zu Deiner Zielgruppe gehören!

Also überlege Dir, ob das wirklich Aktionen sind, die Deinem Business helfen, oder in Bezug auf Ads Deine Automatisierung echt crashen.

Meine absolute Herzensempfehlung:
Buch Dir einen Coach, mach diesen ganzen Irrsinn nicht alleine.

Marketing ist ein komplexes Feld.
Strategieentwicklung ist komplex.
Richtige Zielsetzung ist komplex.

Ich selbst würde nichts mehr ohne Coach machen. Ich hab mir sogar einen Coach gebucht, um Immobilien zu kaufen.
Ich wollte nicht einfach blöd loslaufen und ein paar Hunderttausend Euro in den Sand setzen, weil ich auf das falsche Haus gesetzt hab.

Wie Du merkst, sind einige Dinge für kontinuierlichen Erfolg notwendig. Ich habe hier nur vier Aspekte aufgezählt, doch wenn Du an diesen vier Punkten geschraubt hast, dann lösen sich alle möglichen anderen mit auf.

Das sind die Kernelemente für ein kontinuierlich erfolgreiches Business.

Wo besteht für Dich und Dein Business Handlungsbedarf?

Du kannst kleine Brötchen backen oder gleich die ganze Bäckerei nehmen!

Fehleranalyse ist das A und O!

Mach Dein Ziel noch größer!

#ThinkBig | Von der Selbstständigen zur Unternehmerin

Die Problematik mit der Selbstständigkeit ist immer wieder folgende:

Wir fangen an unsere Zeit, die wir vorher offline irgendwie fürs Business investiert haben, gedanklich wie Angestellte zu betrachten für unser Business.
Das bedeutet, wenn wir vorher gewohnt waren, acht Stunden am Tag zu arbeiten, dann werden wir das in unserem Business auch tun. Das kann für eine gewisse Zeit bestimmt gewinnbringend sein, denn so ein Business-Aufbau braucht einfach ein wenig Zeit.

Ich weiß, es gibt Coaches, die erzählen Business Aufbau geht wie ein Fingerschnipp easy peasy von der Hand, doch das stimmt nur bedingt. Gewisse Basics müssen vorhanden sein.

Und wenn Du zum Start noch nicht so viel Ahnung von Technik und Marketing hast, wenn Du vielleicht vorher noch nie offline selbstständig warst, dann ist der Schritt in die Online-Selbständigkeit ein Riesensprung, weil man besonders zu Beginn enorm viel aufbauen muss.

Das soll nicht heißen, dass Du nicht gleichzeitig auch Geld verdienen kannst, sondern einfach nur, dass Du Dir klar darüber sein musst, die nächsten drei bis sechs Monate viel Zeit in Dein Business zu investieren.

Lass Dir von niemandem erzählen, dass es so über Nacht geht.
Jeder, der heute mit einem Online-Business Multimillionär ist, hat irgendwo angefangen.
Und zwar mit den Business Basics.

In meinem Successful Scannerlady Business Skills Programm[4] ist alles drin, was Du brauchst.

Wenn Du dann schon eine Zeitlang in Deiner Selbstständigkeit, in Deinem Online-Business bist und Du hast auch schon gewisse Umsätze kreiert und vielleicht auch schon Erfahrungen mit minimalen Automatisierungsprozessen gemacht, wie einen Videokurs aufzunehmen oder einen Newsletter konstant zu schreiben, dann wird für Dich klar, dass es jetzt in den nächsten Step geht.

Es ist wichtig zu verstehen, dass ein Online-Business eben verschiedene Sachen braucht, um wirklich groß zu werden und zu expandieren.

Das Erste was Du brauchst, um von diesem selbstständigen, weiterhin 9 to 5 arbeitenden Ich wegzukommen ist, Dein Mindset zu verändern.

Hör auf zu denken:
„Das ist doch verschwendetes Geld. Wer sagt, dass es bei mir funktioniert?"
Ohne Scheiß. Von wem willst Du es denn sonst lernen, wenn nicht von den Leuten, bei denen es funktioniert hat? Von jemandem wie mir oder vieler meiner wunderbaren, super coolen Kollegen. Ich kann da einige für gewisse Themen echt empfehlen.

Das, was es für all das vor allem braucht, ist eine Entscheidung!

---

[4] https://elopage.com/s/BossladyMentorin/successful-scannerladies-business-skills

Du musst Dich entscheiden, in Deine wahre Größe zu kommen. Abgedroschen oder nicht, wenn Du weiterhin kleine Brötchen backst oder Dein Licht unter den Scheffel stellst oder noch kleiner bist als Dein Mann, dann erreichst Du Deine Ziele nicht und wächst nicht.
Es ist völlig legitim fünf-, sechs-, sieben-, achtmal so viel zu verdienen, wie der Mann. Und ich benutze hier extra das Wort verdienen, denn das ist ja unser Gedankengang in diesem Moment. Ich benutze das Wort verdienen in meinem Wortgebrauch über mich nicht mehr, sondern nur noch kreieren und generieren.

Also triff die Entscheidung für Deine wahre Größe.

Wie kommen wir dahin, wenn das jetzt unser Mindset knackt?

Schritt 1: Wir buchen einen Coach.

Und wenn wir diese Entscheidung getroffen haben, dann müssen wir daran einfach festhalten, egal wie die Umstände aussehen.
In diesem Moment haben wir überall Lockdown. Es ist eine ganz furchtbare Zeit für die meisten von uns, gerade für die Sicherheitsmenschen ist es kaum auszuhalten.
Es ist so eine global verbreitete Ohnmacht und doch geht das Leben außerhalb von Deutschland irgendwie weiter. Viele meiner Kolleginnen reisen gerade ganz viel, weil sie es hier in Deutschland nicht aushalten. Für sie ist es auch nicht wichtig, erst einmal zurückzukommen.

Und das ist auch eine Entscheidung.
Will ich das glauben, dass jetzt dieser Frame, der irgendwie von außen gegeben wird, dass der meine Wahrheit beeinflusst?
Das ist einer der grundlegenden Mindset-Shifts, die Du brauchst, um von der Selbständigen zur Unternehmerin zu werden.

Schritt 2: Du brauchst ein Team.

Ich weiß, ich sage das immer wieder und ich bin Spezialist da drin, innerhalb von kürzester Zeit ein Team aufzubauen. Denn jede Business Idee, die ich habe, hat schon ein Team, bevor ich das erste Wort zum Konzept geschrieben habe.

Da ist dann auf einmal diese Idee, wie die vom Modelabel.
Meine Entscheidung ist also "Ich baue ein Modelabel auf!" und Zack! melden sich bei mir Rockstars, die Bock haben mitzuwirken.

Oder die Idee eine Stiftung zu gründen.
Mein Gedanke ist also "Wie cool wäre es denn, einen richtig wertvollen Beitrag in dieser Welt zu leisten, der mein Leben noch überdauert?" in der Überzeugung, dass diese Stiftung auch nach meinem Tod weiterhin Menschen unterstützen wird. Und prompt habe ich Menschen um mich, die sagen „Hey, das ist so ein geiles Projekt, ich bin dabei, ich unterstütze Dich. Was kann ich tun?". Und so geht es immer weiter.

Es ist gut, wenn Du so schnell es geht, mit einem Team arbeitest.
Ich habe mein Team im dritten Monat meiner Selbständigkeit aufgebaut.

Wie ist das mit Dir? Willst Du mit anderen Leuten zusammenarbeiten? Willst Du Aufgaben abgeben?

Bist Du bereit, in Deinem Unternehmen nicht der Bauchnabel der Welt zu sein und bist Du bereit, eben nicht Deine ganze Zeit und Energie in dieses zu stecken?

Bist Du bereit, die Kontrolle abzugeben und den Rockstars, die Du bezahlst, zu vertrauen, dass sie in ihrer Expertise richtig geil sind?

Du könntest sonst ja ihre Arbeit weiterhin machen für acht Stunden am Tag ...
Das ist so ein wichtiger Shift!

Schritt 3: Automatisiere was das Zeug hält!

An dieser Stelle frag ich Dich noch einmal:
Bist Du bereit, Dein Business zu automatisieren?
Bist Du bereit, Prozesse aufzusetzen, die für Dich arbeiten?
Erlaubst Du Dir, Geld anzunehmen, obwohl Du gerade nichts aktiv dafür getan hast?

Ja, mein Handy macht jeden Tag "Katching". Ich bekomme täglich Geldeingänge, obwohl ich aktiv in dem Moment, wo der Geldeingang gekommen ist, nix gemacht hab.

Wie geil ist das denn?

Also Automatisierung. Bist Du bereit?
Denn Du wirst selbstständig bleiben, wenn Du immer selbst und ständig Dinge in Deinem Business tust.
Wenn Du automatisierst, dann bist Du ein Unternehmer.
Dann hast Du verstanden:
Geld arbeitet für mich, und nicht ich für mein Geld.

Wenn Du also alle diese Schritte gegangen bist, dann kannst Du das nächste Business starten.
Und wenn Du eine Scannerpersönlichkeit bist und davon gehe ich jetzt einfach mal aus, dann hast Du tausend Ideen, die Du rausbringen willst.
Ich habe grundverschiedene Businesses kreiert, die aber alle irgendwie miteinander funktionieren. Und das macht einfach nur mega Spaß!

Es macht so unglaublich viel Spaß, ein großes Mosaik aus meinen Ideen zu einem Imperium zu kreieren, das mir Multimillionen bringen wird, das mich sogar überdauern wird. Das sogar macht, dass ich einen coolen, großen Beitrag in dieser Welt leiste, um diese Welt ein bisschen zu verbessern.
Und all das in dieser Krise, die wir aktuell haben.

Mein Appell an Dich, jetzt in diesem Moment, ist, dass Du Dich wirklich fragst: Habe ich Lust auf diese Selbstständigkeit oder habe ich Lust auf Größeres?

Ist Next Level Dein Ziel?

Und wenn ja, zögere nicht länger. Buch Dir einen geilen Coach, der Dich an die Hand nimmt, und mit Dir diesen Weg geht. Koste es, was es wolle.

Ich kenne Coachees, die haben ihre Autos verkauft, ihr Traumauto, um sich ihr Wunsch-Coaching zu leisten und mittlerweile fahren die wieder krass geile Wagen, noch bessere als vorher.

Und diesen Luxus, den darfst Du Dir auch erlauben!

Verkörpere was Du sein willst!

Dein Unternehmermindset entscheidet alles!

6-Stelligkeit ist das neue Normal!

#FuckOffEveryStory | Welche Story bremst Dich?

Warum ist Fuck Off Every Story so ein Riesenthema für uns Frauen?

Uns wird von klein auf an eingetrichtert, wie wir uns zu benehmen haben. Uns wird erzählt, wie wir zu sprechen haben, wie wir uns anziehen sollen. Man sagt das nicht. Frauen machen dies nicht. Mädchen hauen sich nicht.

Von klein auf an werden wir darauf konditioniert, unseren primitiven Instinkten, also unserer Intuition sozusagen, die uns immer perfekt führt, abzuschwören.

Wir werden so dermaßen darauf konditioniert, dass wir dann als Erwachsene irgendwann denken:

„Hä? Bin ich das? Wer ist diese Person im Spiegel? Und was hab ich mit ihr zu tun?"

Und weil ich nicht mehr will, dass Du Dich morgens so fühlst, wenn Du in den Spiegel guckst, wollen wir mal kurz überlegen:

Wo wollen wir eigentlich wirklich hin?

Und das ist diese grundlegende Frage, die sich jeder erfolgreiche Mensch einmal stellt und dann entscheidet loszugehen.

Erfolglose Menschen fragen sich das gar nicht erst. Die erwarten, dass in ihrem Leben irgendetwas passiert, dass sich dann z.B. vielleicht mal der Kontostand verändert.

Neulich saß ich mit Bekannten zusammen und wir unterhielten uns über unsere Zukunftsziele und dass Immobilien im Ausland günstiger zu kaufen sind.

Einer aus unserer Runde holte gleich seinen Laptop und wollte mir unbedingt eine Immobilienanzeige zeigen.
Das Haus war lächerlich billig. Es kostete 40-50.000 Euro.

Für mich ist das kein unerreichbares Ziel, denn so viel generiere ich manchmal in einem Monat und wenn ich einmal nichts verkaufe, dann kommt trotzdem Geld zu mir durch meine automatisierten Prozesse.

Aber für diese betreffende Person war dieser Betrag so limitierend, es war klar, er wird es nicht schaffen.
Er müsste so hart dafür arbeiten, dass er das nicht schaffen wird. Er würde auch keinen Kredit bei der Bank kriegen und so weiter und so fort.

In diesem Moment habe ich für mich überlegt:

„Hey Jessica, was willst Du eigentlich?"

Gute Frage, was will ich eigentlich?

Ich will in erster Linie immer Spaß haben.

Ich hatte viele Jahrzehnte ein nicht so schönes Leben und deswegen ist Spaß für mich etwas, das an erster Stelle steht. #kompromisslosasfuck

Das ist nicht verhandelbar.
Ich will Spaß haben.

Was machten früher meine Mindfuck-Tangos, meine Gegenspieler dann mit mir?

Sie erzählten mir, dass es anstrengend sein muss.

Du kannst doch nicht nur fünf Minuten in eine Kamera reden und dann für 22.000 Euro was verkaufen. Das muss doch viel schwieriger sein. Man muss mindestens acht Stunden am Tag dafür arbeiten, Jessica!

Heute ist das nicht mehr so.

Heute liege ich im Garten und denk: „Hab ich Lust, etwas zu machen? Och nö!"
Und dann mache ich auch nix.

Manchmal ist es auch so, dass ich mitten in der Nacht aufstehe und arbeite.
Ich bin so frei und kann all das, was ich mache, nach Lust und Laune machen.

Vor einigen Monaten haben wir ein Buch herausgebracht: „Kennst Du Deinen Scanner G.- 21 Höhepunkte für Dein Online-Business!"[5] zunächst als E-Book und erst jetzt ist es im Taschenbuchformat erschienen. Das ist vollkommen in Ordnung. Für uns kein Problem. Wir wollten Spaß haben.

Nun schau auch Du mal, welche Mindfuck-Tangos Dich von Deinem Fokus wegziehen?

Nehmen wir mal an, Dein Fokus ist 50.000 Euro zu generieren, weil Du ein Haus in Kroatien kaufen willst.

---

[5] https://amzn.to/2JvPzEW (Affilate Link)

Dann kannst Du Dich jetzt jeden Tag fragen: „Was kann ich tun für diese 50.000 Euro?"

Folgendes wird passieren:

Irgendetwas in Dir wird Dir erzählen, dass Du keine 50.000 Euro machen kannst. Das ist viel zu viel.

Wie soll es denn im Ausland funktionieren?
Du kannst die Sprache nicht.
Die bescheißen Dich. Nachher ist baurechtlich irgendwas mit dem Haus nicht in Ordnung und Du musst es vielleicht abreißen und neu bauen usw.

Hier hilft folgende Frage trotzdem am Ball zu bleiben:

Wie sehr willst Du Dein Ziel wirklich?

Auf einer Skala von 1 bis 10, wie sehr willst Du das, wofür Du jeden Morgen aufstehst?

Mir wären 50.000 Euro persönlich echt zu wenig. Ich will 100 Millionen Euro. Punkt.
Ich habe einfach Bock, 100 Millionen Euro zu kreieren!
Da denke ich „Heftiger Meilenstein, da hab ich Bock drauf".

Und auch das finde ich nicht anstrengend.
Warum? Ich hab auf dem Weg dahin ganz viel Spaß. Ja, ich habe auf dem Weg dahin einfach ganz viel Spaß.
Das ist der einzige Grund, warum ich morgens aufstehe für mein Business, ich will dieses Ziel erreichen.

Und auf dem Ziel, auf dem Weg passiert Folgendes:
Ich helfe unglaublich vielen Frauen, ein erfolgreiches, lukratives, automatisiertes, super sexy Business in der Next Generation Bosslady aufzubauen.

Ich schreibe richtig coole Bücher, die mein Leben überdauern werden, wenn ich eines Tages sterbe, so in 65 Jahren, so mit Hundert. Dann gibt es diese Bücher noch. Barbara Sher ist tot.
Die Frau, die den Scannerbegriff geprägt hat, und ihre Bücher gibt es immer noch.
Das bedeutet, ich habe etwas so Wertvolles in diese Welt gegeben, das immer wieder Frauen inspirieren, motivieren und eine Stütze sein wird.

Wenn wir unsere Bücher mit richtig Herz und Impact, mit dem Ziel vor Augen, wie es unseren Lesern damit geht, schreiben, dann ist es ein so wertvolles Buch, ein Geschenk an die Welt, dass dieses Buch überdauern wird.
Und das finde ich so unglaublich geil.

Und die Stiftung, das Modelabel, all diese Dinge, die ich aufbaue, gehen nachher in die Hände meiner Kinder. Für die Stiftung wird es dann Treuhänder und Verwalter usw. geben.

Frage Dich also:
Wie sehr will ich das wirklich? Was ist mein großes Ziel dahinter?

Wisst ihr, wie viele Wohnungen ich für bedürftige Frauen für 100 Millionen Euro kaufen kann? Sexy. Einfach nur sexy. Ich hab da so Bock drauf und ich weiß, irgendwann wird es eine Straße geben, die nach mir benannt wurde.

Eine weitere Frage ist:
„Wie weit bist Du bereit für dieses Ziel zu gehen?"

Für mich ist klar, ich gebe jeden Tag hundert Prozent dafür.
Manchmal komme ich vom Fokus weg, warum auch immer, bin halt Scanner.
Und dennoch ist mein Commitment, für mein Ziel zu gehen stark, auch wenn das bedeutet, dass ich manchmal eine Zeitlang vielleicht alleine bin, weil mich in meinem Umfeld gerade keiner versteht.
Deswegen gibt's ja unsere geile Community „The Real Big Bosslady"[6] wo man sich gegenseitig supporten kann.

Wenn wir so eine Zeit lang alleine unterwegs sind in diesen Übergangsphasen, ist es ganz wichtig, auf sich zu achten.

Kennst Du das Beispiel mit dem Krabben Becken?

Ein Krabben-Becken braucht keinen Deckel, denn wenn die Krabben über die anderen Krabben drüber krabbeln wollen, um abzuhauen, ziehen die anderen Krabben sie wieder runter. Krasser Scheiß!

Das passiert auch in unserem Umfeld, wenn wir mit gewissen Leuten rumhängen und wir entwickeln uns weiter. Dann reden die uns das kaputt, die machen uns das wieder mies.
Die erzählen uns, „Du darfst kein Geld investieren in Dich. Ach, Du kannst doch nicht Dein Auto für ein Coaching verkaufen. Du kannst doch keinen Kredit aufnehmen. Was ist, wenn das mit dem Business-Kram gar nicht klappt?" Bla bla bla.

Jetzt frag Dich mal, wie sehr bist Du bereit zu gehen?
Hältst Du diese Einsamkeit, die manchmal leider echt kommt in diesen Übergangsphasen, hältst Du die aus?

---

[6] https://elopage.com/s/BossladyMentorin/sheisback

Und wenn Du da nicht mit einem Coach gehst, und das meine ich todernst, dann wird das Krabben-Becken, also der letzte Raum, in dem Du warst, Dich wieder zurückziehen und Du wirst Dich nicht weiterentwickeln.
Komfortzone! Fiese, miese Geschichte.

Welche Story bremst Dich tagtäglich aus?

Ich habe mir lange die Geschichte erzählt, ich habe Kinder.
Ich kann niemals so erfolgreich sein, wie ich gerne wollen würde. Deswegen fange ich gar nicht erst an, diesen Erfolgsweg zu gehen, denn ich würde ja eh nicht zu meinem Ziel kommen. Lustige Geschichte, oder?
Ich bin im Lockdown mit vier Kindern zu Hause fünfstellig geworden - an einem einzigen Tag. Ich habe 17.500 € Umsatz geschrieben - an einem Tag.

Ich habe mein Business mit dieser Kleinunternehmer-Regelung gestartet und dort liegt die Einkommensgrenze bei jährlich 17.500 Euro. Das müsst ihr euch mal reinziehen, im Jahr, und ich habe das an einem Tag gemacht!
Mein letzter Deal war tatsächlich 23:59 Uhr, also auch da habe ich bis zum Schluss weitergemacht.

Wie bereit bist Du, für Dein Ziel zu gehen?
Wie bereit bist Du dafür, alles zu riskieren?

Und ich rede nicht davon, für Dein Business alles aufs Spiel zu setzen. Das ist nicht die Perspektive, von der wir hier sprechen, sondern es geht darum, wenn Dein Ziel so viel größer und geiler ist als das, was Du gerade hast, dann solltest Du alles, was Du hast, an Ressourcen, an Energie, ja auch an Geld nehmen und in Dich investieren, wenn es das ist, was Du wirklich, wirklich willst.

Denn, wenn wir das nicht machen, wenn wir uns nicht richtig committen, wenn wir uns weiterhin unsere komischen Geschichten erzählen, wenn wir unser Ziel irgendwie nur sekundär wollen, dann wollen wir eigentlich erstmal noch warten, bis irgendwas passiert. Das haben wir gelernt.

„Wenn jetzt meine Ehe nicht gut läuft, dann will ich erfolgreich im Business sein.
Oder wenn meine Kinder aus dem Haus sind, dann möchte ich ein erfolgreiches Business aufbauen. Oder wenn meine Mutter nicht mehr krank ist, dann kann ich mein Business aufbauen."

Das ist nicht das Mindset von erfolgreichen Menschen.
Erfolgreiche Menschen committen sich und machen einfach.
Nicht erfolgreiche Menschen warten darauf, dass im Leben irgendwas passiert, damit sie starten können.

Und wenn Du nicht wirklich weißt, was Du willst, also dieses Ziel nicht wirklich Dein Ziel ist, dann erlauben sich nämlich die Mindfuck-Tangos in Deinem Kopf, eine riesengroße, fette Party zu feiern. Die hören nicht auf, die sind irgendwie permanent auf Drogen. Die brauchen nicht schlafen, die feiern nonstop eine Party und machen Dich madig.

Deswegen brauchst Du eine geile Community! Aber gehe nicht in so viele verschiedene, das ist nicht gut, da bekommst Du Krautsalat im Kopf.

Ich habe gerade gestern meinen Schreibtisch aufgeräumt und Coaching Unterlagen im Wert von 50.000 Euro in den Müll geschmissen. Einfach so. Weg damit, keinen Bock mehr auf die Scheiße.

Ich war in so vielen Coachings, ich war so overloaded.
Ich habe alles, alles, was ich gut fand, umgesetzt, ausprobiert und geb's natürlich an meine Kunden weiter und benutze es immer noch erfolgreich.
Und doch war ich voll overkilled.

Das sehe ich ganz oft, bei ganz vielen aus meiner alten Community war das so, dass die immer gesagt haben, „Ich bin gerade im Coaching, ich bin gerade im Coaching". Und wenn ich die sechs Monate später irgendwie mal sehe, weil die irgendwas posten und es kommt dann ausnahmsweise mal in meiner Timeline, dann denke ich „Irgendwie bist Du noch am gleichen Punkt!".

Ja, man erkennt in Deinem Außen Dein Innen.
Du kannst im Außen nicht geil sein, wenn Du in Deinem Innern nicht geil bist.

Das funktioniert nicht und ich weiß nicht, in was für Coaches die Frauen da investiert haben. Ich hab nicht nachgefragt, interessiert mich auch nicht, wo Du bist, das interessiert mich erst, wenn Du zu mir kommen willst. Dann frage ich Dich, bei wem Du warst, damit ich weiß, was Du gelernt hast, auf welchem Stand Du bist.

Weil, jeder Coach erzählt natürlich seine Erfolgsstrategie.
Für uns Scanner funktioniert das überhaupt gar nicht.

Wir brauchen einen Coach, der alle Erfolgsstrategien kennt und für uns die richtige zusammenbastelt, aus all diesen Strategien immer einen Baustein für uns rausnimmt.

Ich bin so ein Coach, weil ich weiß für mich, dass das der einzige Weg ist, wie Erfolg geht für Typen wie uns.
Deswegen bin ich auch nicht Coach für was weiß ich wen, sondern ich bin Coach No. 1 Business Expertin für Scannerladies. Punkt, aus.

Frag Dich nun:
Ist alles so, wie Du Dir das wünschst und wie es sein soll?

Geld folgt, wenn Dir Dein Business Lebensfreude schenkt!

Es ist so, wie Du glaubst, dass es ist!

Deine Scanner Genius will ausgelebt werden!

#DontBeAWannabe | Laber-Rhabarber-Coaches

Über Laber-Rhabarber-Coaches zu sprechen ist eins meiner absoluten Lieblingsthemen im Business, denn es gibt einfach unglaublich viele davon.

Das ist so lustig, das ist so, als ob irgendwo ein Nest geöffnet ist, wo all diese Möchtegern-Coaches mit ihrem semi geilen Content irgendwie rumhängen und die Leute volltexten und denen erzählen, sie sollen doch bitte, bitte mal ihr Angebot kaufen, denn sie haben alle Probleme. Also Phase 1 Kunde Marketing.

Du weißt noch nicht, was Phase 1, 2 und 3 Kunden sind, dann kauf unbedingt Haben-wollen-Angebot-Workshop[7]. Du musst einfach wissen, wie Du mit Phase 2 und 3 Kunden sprichst, damit die auch bei Dir kaufen. Was nützt Dir ein geiles Marketing, wenn Du mit Hinz und Kunst redest und keiner bei Dir einsteigt?!

Das ist aber das, was die meisten Laber-Rhabarber Coaches machen.

Ich werde immer gefragt, „Jessica, woher weiß ich, bei welchem Coach ich buchen soll?"- das ist meine Antwort:

Wenn ein Coach das Marketing so aufzieht, dass Du das Gefühl hast, der redet mit allen und jedem, dann ist das nicht Dein Coach.

Dein Coach redet genau zu Dir, der redet und Du denkst, „Mitten ins Herz, mitten ins Herz, slap slap, in my face".

---

[7] https://elopage.com/s/BossladyMentorin/habenwollen-angebot-workshop

Das musst Du denken. Dann weißt Du, das ist Dein Coach. Und wenn Du hier bist, dann hast Du Deine Entscheidung wahrscheinlich schon getroffen.

Wichtig ist, diese Laber-Rhabarber-Coaches sind so aalglatt, die kann man nicht anfassen. Kennst Du die? Also die stehen dann auf Speaker Bühnen, oder haben auch ein paar Bücher geschrieben, die man dann über so einen Buchfunnel kaufen kann.
Und eigentlich steht da nur Bli Bla Blubb drin und alles Mögliche, was ich schon von 30 Millionen anderen Coaches gehört habe. Und noch viel schlimmer. Ich weiß am Ende des Buches gar nicht, wer dieser Coach überhaupt ist. Wer ist dieser Mensch?

Es ist essentiell wichtig, dass wir verstehen, dass unsere Ecken und Kanten das sind, was uns unterscheidet.
Es geht nicht immer darum, eine außergewöhnliche, heftig krasse Geschichte zu erzählen oder darum, ganz viel von seinem Privatleben preiszugeben. Das darf jeder machen, wie er das für richtig empfindet.
Es geht darum, dass Du zeigst, wer Du bist. Es geht darum, dass die Leute wissen, wer Du bist.

In meinem Fall zum Beispiel:
„Hey, die Jessica, die ist richtig crazy. Die scheißt auf diesen ganzen klassischen Business Chichi. Die verschiebt auch mal einen Live-Call und hängt einen zweiten hinten dran und verschenkt da noch irgendwas. Ja und diese Jessica, die schreibt so krasse E-Mails, da denke ich immer, die redet nur mit mir."

Ich erzähle in meinen E-Mails, wer ich bin, wie mein Leben aussieht, was diese ganzen Sachen sind, die mich abfucken auf dem Weg zu meiner Million, zu meiner nächsten Million und zu meiner nächsten Million.

Niemand kauft Deine Ausbildung

Eine weitere Sache, die diese Laber-Rhabarber Coaches machen, ist, sie promoten die ganze Zeit ihre Ausbildung. Ich selbst bin individual psychologische System-Beraterin und ich kenne Leute, die dann noch Marketing, BWL, Jura und was weiß ich noch studiert haben. Natürlich ist das ganz nett, den Rahmen zu kennen, um zu wissen, was mein Wahl-Coach für Qualifikationen hat, doch schlussendlich kauft niemand Deine Ausbildung.

Ich könnte Dir jetzt, und alle Scanner können das, eine Enzyklopädie an Zertifikaten, Ausbildungen und Fortbildungen aufzählen, die ich alle absolviert habe und es wird Dich einen Scheiß interessieren.

Warum? Das bringt Dich doch nicht zum Ziel zu wissen, was ich kann.
Dich bringt nur zum Ziel, dass ich Dich an die Hand nehme, mit Dir zu Deinem Ziel gucke und sage, „Und jetzt gehen wir den Schritt und den Schritt und den Schritt und probier nochmal das und teste nochmal dies aus und schaue, wenn Du jetzt das und das machst, dann bist Du schneller angekommen".

Niemand kauft Deine Ausbildung. Niemand kauft Dein Blabla.

Ich sehe so viele schlechte Posts, wo so viel Blabla ist, ohne Qualität, ohne Aussage.
Wir reden so viel und sagen nichts.
Schluss mit diesem Blabla-Scheiß. Hör' auf damit.

Wenn Du das nicht kannst, dann komm in diesen *Haben-wollen-Angebot-Workshop.* Da lernst Du, Schluss mit Blabla.

Fakt ist, irgendwann verschwinden diese ganzen Schein-Coaches. Diese Laber-Rhabarber Coaches, die dann vielleicht mit 500 oder 1.000 oder vielleicht auch 2.000 Euro im Monat rumkrebsen.

5-Stelligkeit ist ein Muss!

Wenn Du noch an dem Punkt bist, wo Du denkst, 2.000 im Monat sei viel, ziehe ich Dir gleich den Zahn, Du brauchst 10.000.
Um 2.000 Euro in Deinem Leben verballern zu können, brauchst Du 10.000, weil Dein Business immer die Hälfte frisst.
Dein Business ist ein hungriges, kleines Ding, das Du lieben und füttern und hegen und pflegen musst.

Wenn Du also 10.000 Euro gemacht hast, frisst Dein Business 5.000 Euro, dann hast Du noch Ausgaben, Miete, Auto, Versicherung, was weiß ich, was wir so haben, Krankenversicherung kommt noch dazu und schwuppdiwupp hast Du irgendwie noch 3.000 übrig.

Also wenn Du zwei willst, brauchst Du zehn. Verstanden? Gut.

Wenn Du aber nur 2.000 umsetzt, damit bleiben Dir die Hälfte.
Hör unbedingt auf an diese Kleinunternehmerregelung zu denken.

Ich habe 17.500 Euro an einem Tag gemacht.

Was ich sagen will ist, hört auf, so zu denken. Denn wenn Du 2.000 umsetzt, dann gehen 1.000 weg. Das heißt, Du hast nur Tausend.

Welche Miete kannst Du davon bezahlen?

Es sei denn, Du wohnst in einer Einzimmerwohnung. Und ganz ehrlich, meine Garage ist größer als eine Einzimmerwohnung.

Das ist nicht Prollo gemeint. Das ist einfach Tatsache.
Wenn Du Deinen Lebensstandard nicht uplevelst, dann wirst Du auch Deine Kunden nicht upleveln können. Dann wirst Du auch Deinen Cashflow nicht upleveln können, dann wirst Du auch die Qualität Deines Business nicht upleveln können.

Da bleibst Du immer ein Krebs mit Deinen vielleicht 2.000 Euro und denkst, „Hey, ich bin schon richtig geil unterwegs".
Nee, bist Du nicht, voll falscher Weg, ist einfach so. Voll falscher Weg.
Lass das. Mach das nicht, hör sofort auf. Stopp das sofort.
Spring in die Next Generation Bosslady. Und wenn Du noch kein Business Coaching gemacht hast, dann schnapp Dir die Successful Scannerladies Business Skills[8].

Es ist Deine Entscheidung. Es ist Dein Leben, es ist Dein Business.

Du hast das Aller-Allerbeste verdient und geh für Dich.
Hör auf, weil, wenn Du Dich mal kurz fragst und das ist so das, was wir immer vergessen:

Welcher Kunde bist Du?
Wie ist Dein Kaufverhalten?
Wie bist Du mit Deinen Coaches?
Bist Du coachbar oder weißt Du alles besser? Oder blablabla?

Und das Gesetz der Anziehung. Alles was Du raus ballerst an Schwingungen, Gedankengängen, Emotionen, Worten und Taten, das kommt zu Dir zurück.
Dein Umfeld ist immer ein Spiegel von Dir selbst.

---

[8] https://elopage.com/s/BossladyMentorin/successful-scannerladies-business-skills

Und die Frage ist: Wer bist Du?

Bist Du dieser Laber-Rhabarber Coach ohne Ecken und Kanten, weil Du Angst hast vor Kritik? Dann vergiss es, Du wirst im Business untergehen. Die Leute werden Dich hassen.

Wenn Du wüsstest, was schon für Shitstorms unter meinen Posts stattgefunden haben. Wirklich, unglaublich.
Ob das ist, dass ich mich zur häuslichen Gewalt geäußert habe, zu sexuellem Missbrauch, zu all diesen Dingen, für die mein Herz schlägt.

Also frag dich mal, welcher bist Du?:
Bist Du dieser Coach, der keine Ecken und Kanten hat, weil Du Schiss hast?

Bist Du der, der immer erzählt, ich hab so geile viele Ausbildungen, so ein Urkundensammler, Hashtag Urkundensammler?

Bist Du so ein Blabla Coach, so ganz lange reden, aber nicht festlegen, denn alle sollen sich doch bitte angesprochen fühlen? Wer will das schon?

Und die Frage, das ist die größte und die wichtigste: Bist Du so ein Schein-Coach? Glaubst Du Dir selber nicht, was Du erzählst?

Ja, meine Liebe. Frag Dich diese Dinge und meld Dich einfach, wenn Du mehr wissen willst.

Deinen Kunden interessiert, nicht was Du für Qualifikationen hast, ihn interessiert, ob Du ihn an sein Ziel bringst!

Nur die Ergebnisse Deiner Kunden zählen, alles andere ist PURES EGO Gehabe!

Rockstars feiern ihre Erfolge mit ihren Kunden!

Hast Dir schon den ***BONUS zu diesem Buch****, das #KillYourLimitsAndGrow-Big Workbook GRATIS heruntergeladen?*

https://www.bosslady-imperium.de/ngb-workbook

#UpLevelYourself | Premium Angebot & Co.

Für Dein Premium Angebot ist es unglaublich wichtig, dass Du an Deinem Mindset schraubst.

Das Blöde mit dem Mindset ist, dass wir dermaßen im Drama-Dreieck festhängen und massig Bewertungen auf Geld, Coaches, Online-Business, hochpreisiges Verkaufen, Upsell, Downsell, Cross Sell haben.
Diese Bewertungen sind so massiv, dass wir uns gar nicht erst an diese Sachen ran trauen.

Die meisten von uns denken schnell etwas wie: „Wenn ich 22.000 Euro für ein Programm nehme, bin ich profitgeil."

Ich persönlich glaube, dass es Deine Pflicht ist, einen hohen Preis an Dein Programm zu hängen aus einem einfachen Grund:

Du verkaufst Deine Lebenszeit!

Du coachst Deine Kunden für eine gewisse Zeit oder begleitest sie, investierst Deine Lebenszeit, teilst Dein Wissen und alles, was Du gelernt hast.

Jeder Tag Deines Lebens hat Dich auf diesen Moment mit Deinen Kunden vorbereitet.

Wie willst Du jetzt an Dein ganzes Leben ein Preisschild hängen?
Uh! Krasser Mindshift, oder?

Wie willst Du also an Dein ganzes Leben einen Preis hängen, damit Dein Kunde, der ein Problem hat, davon profitiert, dass Du durch diese Lebensausbildung und mehr gegangen bist?

Denn in jedem Fall wirst Du etwas gelernt haben!

Möglicherweise hast Du eine Coaching Ausbildung absolviert, oder Du hast gewisse Dinge überlebt, gewisse Schmerzen verarbeitet, so dass Du vielleicht gut Strategien erkennst, Menschen lesen kannst, Dich mit Tieren verstehst und deswegen dem Besitzer sagen kannst, was mit seinen Tieren los ist.

Oder vielleicht hast Du auch ein unglaubliches Auge für Ästhetik und hilfst Menschen, durch einen passenden Kleidungsstil sich einfach wohl zu fühlen und dadurch wieder mehr in ihre Power und zu sich selbst zu kommen.

Was auch immer Du tust, es muss krass geil sein, denn es ist Dein Potenzial und dieses Potenzial ist unanfechtbar.

Das ist das Geilste was es gibt!

Und deswegen dürfen wir auch mit unserem richtig geilen, coolen Potenzial richtig viel Geld kreieren.

Ich finanziere ganz viele verschiedene Projekte mit.

Aktuell befindet sich meine eigene Stiftung im Aufbau. Wir werden Wohnungen an Frauen, die in Frauenhäusern leben und keine Bonität haben, vermieten. Natürlich habe ich auch da ein Team. Ich zahle jeden Monat vierstellige Summen an jeden einzelnen Rockstar in meinem Team. Du siehst, je mehr Geld Du hast, desto mehr Geld kannst Du weitergeben.

Trotzdem wirke ich auf manche Menschen oft unglaublich profitgeil, weil ich Porsche fahre, einen Louis Vuitton Koffer habe, eine Prada Tasche trage, in Gucci Sneakers rumlaufe. Nichts von diesen Statussymbolen sagt etwas über meine Persönlichkeit aus. Gar nichts!

Und wer das glaubt, der lässt sich leider ziemlich irreführen von solchen Äußerlichkeiten.

Profitgeil.
Kannst Du jetzt mal Deine Bewertung drüber laufen lassen.

Was denkst Du bezüglich Premiumangeboten und Profitgeilheit?

Das Problem ist nämlich, wenn Du denkst, „Hey, geil! Ich will auch 22.000 Euro für mein Programm nehmen!" und Du Dir das selber nicht glaubst, dann kauft es keiner, weil es nicht Dein Preis ist.

Dann bist Du nicht kongruent.

Ich hatte schon Frauen im Fokus Coaching, die haben mir gewisse Preise erzählt, die sie abrufen.
Wenn ich dann gefragt habe, ob sie auch zu diesen Preisen verkauft haben, war die Antwort immer „Nein".

Warum? Sie waren nicht authentisch und kongruent mit ihrem Preis.

Ihr Money Mindset war einfach noch nicht so weit. Es ist nichts Schlimmes daran, klein anzufangen und sich langsam hochzuarbeiten.

Wow! Stell' Dir nur mal vor, es funktioniert!
Was ist, wenn Du eines Tages 4, 5, 6, 7, 8, 9, 10, 22.000 Euro mit Deinem Programm abrufen kannst?

Ich kann mittlerweile auch ganz andere Preise abrufen, wenn ich will und da wird vielleicht auch irgendwann noch was kommen. Aber im Moment sehe ich nicht, dass ich Lust habe, ein neues Programm zu entwickeln.

Wenn Du nun ein Premium Coach bist und Dich entscheidest mal bei Chanel, Gucci, Prada, Louis Vuitton, oder beim Verführt Mode Label shoppen zu gehen, dann ist das auch Embodiment.

Du verkörperst dann.

Ich könnte auch mit einem Opel Corsa B Millionärin werden, doch frage Dich, ob Du Dich selbst als Millionärin in einen Opel Corsa setzen würdest.
Nur so als Gedanke.

Und hier geht es nicht um Statussymbole, sondern einfach um ein erweitertes Mindset, um eine Erweiterung für Qualität.

Wenn ich meinen Porsche anfasse, ist alles aus Leder, ich liebe das. Nichts ist Plastik. Das ist alles mit Leder übernäht, überklebt, keine Ahnung, wie die das gemacht haben. Und ich habe dieses wunderschöne Leder-Lenkrad in der Hand.
Früher bin ich einen Opel Corsa B gefahren und hatte alles aus Plastik.
Das macht einen Unterschied!

Wenn Du anfängst, Deinen Lebensstil upzuleveln, dann fangen auch Deine Preise an sich upzuleveln.

Auf einmal bist Du bereit, 2.000 Euro für eine Handtasche zu bezahlen.

Das heißt noch lange nicht, dass Du sie kaufen musst, doch in Deinem Kopf hat es Klick gemacht und Du denkst, „Ja logisch, wenn ich die haben will, kaufe ich sie einfach". Oder Du kaufst einen Koffer für 4.000 Euro oder einen Porsche für was weiß ich was.

Wenn Du allerdings 3.000 Euro für Dein Programm aufrufst, aber Billig-Toastbrot isst, verkörpert Du eben das und nicht Deinen Premium Preis.

Um ein Premium Level zu erreichen, gibt es zwei Wege.

Du bietest einfach nur das eine Premium Programm an. Ich kenne Coaches, die machen das genauso und es funktioniert super.

Oder Du machst es wie ich und auch viele andere Coaches:

Du hast einfach eine Angebotstreppe, die funktioniert.

Die wenigsten Interessenten sind Phase-3-Kunden!
Du erinnerst Dich? Von 100, sind es vielleicht 3, die sofort Dein Premium Programm kaufen.

Ich bin Phase-3-Kundin. Bei allem, was ich tue, bin ich Phase-3-Kundin oder ich bin gar keine Kundin.

Lass uns nochmal die Sache mit dem Premium Lifestyle anschauen. Wir nehmen an, Dein Ziel ist es 10.000 Euro monatlich zu verdienen.

Du hast einen Kunden, der bringt Dir 10.000 Euro und Du hast ganze 30 Tage Zeit, Dich auf diesen einen Kunden zu konzentrieren.

Wird dieser Kunde aber bei Dir kaufen, wenn Du einerseits etwas von Premium Segment und High Quality Arbeit erzählst und Du gleichzeitig nicht mal Geld in die Hand nimmst, um eine schöne Grafik für Deinen Webauftritt erstellen zu lassen, wenn Du selber dafür kein Talent hast?

Vielleicht hast Du eine Webseite, die aussieht wie Kraut und Rüben, was nicht bedeutet, dass sie nicht verkauft, darum geht es erstmal gar nicht, sondern es geht um das, was Du nach außen repräsentierst.

Wenn Du nämlich diesen Low Lifestyle fährst, ich nenne ihn jetzt so, und erwartest, dass die Menschen aber einen High Quality Preis bei Dir bezahlen, dann ist hier etwas nicht in der Waage. Das funktioniert nicht.

Du bist nicht kongruent und das riechen die Leute!

Das Einzige, was nachhaltig funktioniert ist, dass Du ab heute beginnst, konsequent upzuleveln. Dann ist es nicht mehr die Billigmargarine, sondern die, auf die Du Bock hast, auch wenn diese 3 Euro kostet. Oder es ist die eine Handtasche, auf die Du schon lange, lange sparst.

Jetzt kannst Du endlich das Sparschwein schlachten und Dir diese Tasche kaufen. Vielleicht sind es auch ein paar Schuhe, die Du echt cool findest und bis jetzt einfach nicht den Mut hattest, sie zu bestellen.

Das setzt Energie frei und das Gesetz der Anziehung tritt in Kraft.

Auf einmal kommen Buchungen, Speaker-Anfragen und mehr rein.

Eine Sache will ich noch zum Upleveln loswerden!
Es ist nicht so, dass Du höher gehst und jemand anderem etwas wegnimmst.

Im Gegenteil, je höher Du gehst und desto mehr Du hast, desto mehr kannst Du auch wieder abgeben.

Ich finde, das ist gerade für uns Frauen, die ja immer so im Kollektiv denken, eine wunderschöne, krass geile Erkenntnis! So können wir diese Welt konsequent verändern!

Stell Dir vor, Du kannst Millionen spenden!

Wie geil wäre das, Du hast so viel Umsatz gemacht, dass Du Millionen spenden kannst für den Rest Deines Lebens!

Ich finde das so sexy und überaus erstrebenswert!

Ich will, dass auch Du diesen Next Level Hunger entwickelst!

Wofür würdest Du Deine Million spenden?

JUMP!

Dehne Dich im Universum aus!

Sei größer als Du selbst!

#BeAPlayer | Tob' Dich aus!

Es geht darum, dass Du Dich in Deinem Business austobst.

Was bedeutet das?

Wir Scanner sind eigentlich alle Spieler. Wir wollen alle Spaß haben. Wir wollen den Ernst des Lebens nicht so sehr in unser Leben einladen.
Wir haben auch Lust, mal über die Stränge zu schlagen.
Wir wollen alles, und zwar ganz schnell.
Und vor allem muss es Spaß machen und deswegen ist Business eine absolute Spielwiese.

Das ist eine Perspektive, die es für Dich so einfach macht, loszulegen. Denn wenn wir im Business starten oder schon ein bisschen unterwegs sind, dann kommen so Gedanken wie:

„Okay, das ist nicht professionell genug, ich brauche eine bessere Webseite. Das ist nicht professionell genug, ich brauche neue Facebook Grafiken. Das ist nicht professionell genug, ich brauche ein anderes Brand auf Instagram!"

Dann verlieren wir uns in diesen Kleinigkeiten, von denen wir glauben, dass sie elementar wichtig sind, wie ein Logo, Branding Farben oder Wording. Das sind alles Sachen, die sich langfristig natürlich auf Dein Business auswirken und dennoch darfst Du Dich erst einmal austoben.

Wenn Du Türkis drei Monate lang als Brand Farbe geil findest, dann ist es so und wenn Du das Türkis in ein Rosa änderst, dann ist es auch so. Davon geht die Welt nicht unter.

Ich weiß, es gibt Coaches, die erzählen andere Sachen da draußen und es mag sein, dass sie das als ihre Wahrheit empfinden.
Ich kenne auch Coaches, die meinen, dass Du ohne Webseite gar nicht starten darfst.
Ich habe ohne Webseite mit einer Facebook-Gruppe richtig viel Geld gemacht. Meine Facebook-Gruppe hatte unter 100 Mitglieder und ich hab 17.500 Euro kreiert!

Es muss Spaß machen. Du gibst die Regeln vor.

Überlege Dir einen Rahmen, der für Dich passt.

Frage Dich:

Wie soll mein Business eigentlich ablaufen?
Will ich wirklich acht Stunden am Tag in eine Kamera reinquatschen, Posts schreiben und E-Mails versenden?
Will ich den ganzen Tag dasitzen und denken: „Und wann kommt jetzt mein nächster Kunde?"
Oder darf es Spaß machen?

Ist mein Angebot gerade überhaupt für meinen Zielkunden interessant?
Also das ist die einzige Frage, die ich wichtig finde.

Wenn Du jetzt Lust hast, einen Töpferkurs zu geben, aber bist eigentlich Sexual Healing Coach oder so, dann kannst Du Dir überlegen, wie kannst Du das Töpfern jetzt mit Deiner Sexual Healing Positionierung zusammenbringen? Und wenn das geht, dann machst Du einen coolen Workshop. Und wenn nicht, frag Dich mal, ob das wirklich etwas ist, was Deinem Business dienlich ist.

Manchmal wollen wir unser Hobby auf einmal in unser Business integrieren und verlieren damit unsere komplette Zielgruppe.

Ja, das sehe ich ganz oft, gerade bei uns Scannern, das knallt so durch im Hirn. Dann denken wir „Yeah, coole Idee" und legen los und keiner kauft. Die Leute verstehen nicht, was mit uns auf einmal los ist. Erst reden wir von Sexual Healing und jetzt reden wir von Töpfern.

Dann entscheidest Du ganz klar, ob Du ein Gewinner bist.

Ich komme z.B. gerade vom Sport. Ich bin etwas angeschlagen und ein bisschen erkältet. Trotzdem habe ich beim Sport krass durchgezogen. Noch mehr als sonst. Ich habe in meinen Übungen nochmal fünfmal mehr gegeben als ich musste.

Ich hab entschieden: Ich bin ein Gewinner!

Was bitte hat Sport mit meinem Business zu tun?
Ganz einfach, wenn Du nicht diesen Biss entwickelst, kannst Du Durststrecken nicht überwinden. Und genau solche haben wir Scanner immer wieder.
Das liegt einfach an unserem eigenen Rhythmus. Diese wichtige Komponente besprechen wir auch in der #NextGenerationBosslady.

Du kannst also in jedem Moment entscheiden, ein Gewinner zu sein. Und wenn Du in diesen Tiefphasen bist, in Deinen Downs oder auch in Deinen Hochs, dann hast Du die freie Entscheidung zu jeder Zeit.

Triff jetzt dieses Commitment für Dich und sag: „Ich bin eine Gewinnerin".

Und halt daran fest, egal was Dir Dein Umfeld sagt, egal was Deine Bullshitstories erzählen, egal was die Mindfuck-Tangos in Deinem Kopf machen.

Du bist eine Gewinnerin! Ausrufezeichen. Ende. Mic Drop.

Etwas was ich nicht unterschlagen will, was das Austoben angeht ist, dass Du damit die Welt verzauberst! Einfach weil Du geil bist. Punkt, aus. Das ist nicht verhandelbar. Du bist einfach geil.

Du hast etwas in Dir, wir nennen es Potenzial, was Du in diese Welt bringen möchtest, um zu helfen, zu verbessern, zu begleiten, zu unterstützen, ein besseres, geileres, schöneres, freieres, gesünderes Leben zu führen, eine bessere Beziehung zu haben, gesündere Sexualität zu erleben, eine gute Beziehung mit dem Haustier zu entwickeln, gut angezogen zu sein, um ein tolles Selbstbewusstsein aufzubauen und so weiter.

Wir haben alle etwas, das wir in die Welt bringen können.
Und wenn wir anfangen, diese Liebe durch unseren Content auf Social Media oder E-Mail oder wo auch immer zu teilen, dann fangen wir an, die Welt zu verzaubern.

Wir sind wie Magic Einhörner, denen Feenstaub aus dem Arsch kommt! Wir verzaubern einfach die Welt.
Wir machen diese Welt zu einem schöneren Ort.

Ich weiß nicht, wie es Dir gerade in der aktuellen Situation geht, doch ich habe mich entschieden, ich lasse mich von den Umständen nicht beeinflussen. Ich mach mein Ding konsequent weiter und meine Soulmates kommen zu mir, weil sie ihr Ding konsequent weitermachen wollen.

Meinen Soulmates ist der Lockdown egal.
Meinen Soulmates ist egal, wie schwierig die Beziehungen sind, die sie mit ihren Partnern haben. Meine Soulmates wollen darauf nicht mehr den Fokus richten.
Meine Soulmates wollen ein freies, unabhängiges, selbstbestimmtes, finanziell richtig gut aufgestelltes Leben führen.

Und deswegen und das ist der letzte Punkt, der unglaublich wichtig ist, geben sie mit mir Vollgas. Wir haben drei Monate in der Next Generation Bosslady, das klingt für die meisten nicht viel, aber es ist unglaublich gehaltvoll mit heftigem Impact.

Ja und von wegen „Wer hoch fliegt, fällt tief.", das gibt es nicht. Diesen Satz darfst Du auch ein für alle Mal aus Deinem System streichen.

Wenn Du oben bist, dann kannst Du nicht runterfallen.

Das geht nicht, selbst wenn Du drei Schritte zurück gehst, weißt Du ja, wie Du da wieder hochkommst. Einmal gelernt, verstanden, bleibt für immer im Gehirn.

Wir kennen das aus der Schule. Wenn ich etwas lese oder mir was erzählt wird, dann erinnere ich mich vielleicht gleich dran. Wenn ich es aufgeschrieben habe, dann weiß ich es vielleicht ein bisschen mehr.
Aber wenn ich es ausprobiert habe, wenn ich's umgesetzt habe, dann hab ich es verinnerlicht und dann kann ich es in meinem System immer wieder abrufen.

Es kann natürlich sein, und das ist der einzige Grund, warum es nicht wieder funktioniert, dass Du wieder anfängst, an Bullshitstories zu glauben.

Und deswegen ist es in dem Moment wichtig, dass Du Dir in so einem Moment immer einen Coach suchst.

Bleib nicht stehen. Warte nicht darauf, dass irgendetwas im Außen passiert, damit Du jetzt endlich Gas geben kannst.

Setz das Commitment „Ich bin eine Gewinnerin".
Und dann ab geht's. Das ist alles. Mehr brauchst Du nicht.

Passion ist Passion und wird Dich immer antreiben!

Stillstand ist der sichere Tod!

Was Du Dir ausdenken kannst, wirst Du erreichen!

#DeclutterYourLife | Dein Business - Deine Regeln

„Dein Business - Deine Regeln" heißt in erster Linie, dass Du machst, was Dir gefällt. Aber Achtung, nicht alles, was Dir gefällt, ist zielführend für Deine Kunden und zielführend für Dein Business.

Ich weiß, dass ganz viele Business Coaches eine bestimmte Maschinerie, eine bestimmte Business Schablone verkaufen, weil das die Vorlage ist, die sie auch erfolgreich umsetzen.
Das mag bis zu einem gewissen Punkt völlig legitim sein. Allerdings ist es doch viel, viel cooler, gerade für uns Scanner, wenn wir ein Business entwickeln, das absolut zu uns und unseren Bedürfnissen passt und das vor allem dafür sorgt, dass wir nur noch mit Leuten zusammenarbeiten, auf die wir wirklich richtig Bock haben.

Bei uns im Bosslady Imperium und auch in meinen Coachings hat sich so ein Satz etabliert, der eigentlich allen immer hängen bleibt und der heißt:

„Dein Zirkus, Deine Affen".

Natürlich heißt das nicht, dass Deine Kunden Affen sind. Doch wenn Du mal dieses Bild „Dein Zirkus, Deine Affen" einfach auf Dein Business projizierst, dann wirst Du ganz schnell merken, dass Dich meistens die Affen doch noch irgendwie herumkommandieren.

Diese Affen haben einen so großen Einfluss auf Dein Business, dass Du wie so ein Ping-Pong Ball bist und versuchst, Deinen Kunden zu gefallen, statt Deine Kunden zu „erziehen". Ich setze „erziehen" hier natürlich in Anführungsstriche, denn Dein Kunde lernt einfach nur klar Deinen Frame kennen.

Dein Frame als den Rahmen, in dem Du arbeitest, was Du Deinen Kunden ermöglichst, wovon Du ausgehst, was Du voraussetzt, wie Dein Kunde sich in der Arbeit mit Dir verhält, sein Commitment, seine Bereitschaft und so weiter.
Das muss alles in einem Rahmen abgesteckt sein.

„Mach nur, was Du willst".

Ich höre das so oft von diesen Schwingeling Coaches, die irgendwie Business Aufbau begleiten. Und im Endeffekt ist es aber so, dass deren Kunden unglaublich erfolglos sind. Das ist echt deprimierend, wenn ich überlege, dass diese teilweise fünfstellig in diese Business Coaches investieren.

Denn ganz ehrlich? Du kannst Dich nur auf das konzentrieren, was Du wirklich, wirklich willst, wenn Du ein Business aufgebaut hast, das auch ohne Dich funktioniert.
In meinem Fall ist das so. Ich habe nicht mal ein Jahr dafür gebraucht und ich mache heute nur noch, worauf ich Bock habe.

Wenn ich Bock habe, irgendwo Speaker zu sein, dann lasse ich mich einladen.
Wenn ich Bock habe, gar nichts zu machen, dann mache ich gar nichts.
Wenn ich Bock habe, ein neues Programm rauszubringen, dann mach ich auch das. Wenn ich Bock habe, einen neuen Bestseller zu schreiben, dann mache ich das genauso. Und wenn ich einfach Lust habe, mein Team aufzubauen, zu supporten oder ein Stipendium zu verschenken oder was auch immer, dann mache ich auch das.

Und das ist so ein Imperiums-Unternehmer-Gedankenpunkt, Du kannst das erst machen, wenn Du es geschafft hast, dass Du ein Business hast, das läuft.
Das ist einfach so.

Natürlich kannst Du stets intuitiv posten und so unregelmäßig Larifari-Kram machen. Dann wirst Du aber auch nur so unregelmäßige Larifari-Einnahmen haben. Und ob das jetzt nun wirklich das ist, was eine Business Mentalität ist, was die Voraussetzung dafür ist, dass Du erfolgreich sein wirst, wage ich zu bezweifeln.

Ich will hier natürlich nicht den Besserwisser raushängen lassen, nichts liegt mir ferner, obwohl ich weiß, dass ich es besser weiß. Haha. Denn ich bin ja schon einige Jahre da.
Klar gibt es das Bosslady Imperium jetzt erst ein Jahr und ein bisschen, und dennoch bin ich schon eine ganze Zeit lang auf dem Online-Markt unterwegs.
Ich war vorher auch Offline-Unternehmerin. Ich habe viele Unternehmen mit aufgebaut. Ich bin bei vielen Unternehmern als Beraterin tätig gewesen, eine ganze lange Zeit und habe in verschiedene Business Nischen reingucken können, nicht nur in den Coaching Markt.
Und natürlich ist es so, dass gerade Leute, die Expertise in diesen Dingen haben, schnell verleitet sind, klug zu scheißen und Dir zu erzählen, wie es besser funktioniert, obwohl Du nicht gefragt hast.

Das ist auch so ein Punkt!
Erst einmal prüfe dich, warum fühlst Du Dich jetzt beklugscheissert?
Und warum sagt Dir dieser Mensch das?
Hat er vielleicht recht?

„Scheiß auf Besserwisser" meint für mich, für mein Verständnis, dass es um die Leute geht, die Dich nicht verstehen.

Also wenn ich z.B. jemanden kennenlerne und ich erzähle, was ich beruflich mache, überlege ich schon sehr genau, was ich überhaupt davon erzähle, weil die meisten Menschen gar nicht verstehen, was ich mache.
Ich erzähle dann Sachen wie, ich habe schon fünf Bestseller geschrieben. „Oh, krass, fünf Bestseller. Was verdient man denn damit?", dann kommen schon solche Fragen und dann denk ich so, das ist doch gar nicht wichtig.

Oft sage ich, dass ich sowas wie eine Unternehmensberaterin bin. Damit können die meisten Leute noch irgendwie was anfangen.
„Ah, ok. Was für Unternehmen berätst Du denn?"
Dann, sag ich, „Frauen, die ein Online-Business aufbauen wollen" und dann kommt, „Hä, Online-Business, was ist das denn?", da geht's schon los. Dann klinken sich die meisten schon aus.

Dann fange ich an, von meinem Modelabel zu reden, dann kommen die wieder rein. Mode kennt jeder. Jeder hat Klamotten im Schrank. Und dann denken die „Hä, Du machst das eine und das andere und schreibst auch noch Bestseller?", und dann knallt es bei denen durch.

Und dann kommen so Sätze wie „Ja, hast Du das denn studiert? Wie soll das denn funktionieren, wenn Du so viele Businesses gleichzeitig machst?", bla bla, bla bla bla. „Es wäre besser, wenn Du erst mal eine Sache machst, Dich erst mal auf eine Sache konzentrierst...".
Und dann denke ich immer, „Hallo, ich bin Scanner. Ich kann gar nicht eine Sache machen!"

Du kennst das doch auch, oder? Mal ganz ehrlich, Hand aufs Herz, ich kann gar nicht eine Sache machen. Ich drehe durch, ich fühle mich stupide, wenn ich nur eine Sache mache.

Ja, und deswegen, ganz wichtig, lass Dich herausfordern von diesen Leuten. Nicht, dass Du mit denen streitest, sondern dass Du für dich mal überlegst, wie könnte ich gescheit erklären, was ich mache? Und bin ich mit dem dann zufrieden, was ich erkläre?

Ich muss mich ganz oft downleveln, wenn ich anfange, darüber zu sprechen, was ich mache. Also hab ich mich entschieden, ich spreche einfach nur noch mit anderen Leuten.
Ich spreche nur noch mit Leuten, die entweder selber im Online-Business unterwegs sind, die vielleicht auch schon Bestseller geschrieben haben, die irgendwie ein bisschen Ahnung von Online-Marketing haben, die verstehen, wie man ein Business aufbaut.
Also eigentlich rede ich nur noch mit Unternehmern. Ich rede schon gar nicht mehr mit Angestellten und das meine ich nicht negativ, sondern ich weiß einfach, die haben nicht das gleiche Mindset wie ich, die kommen da nicht hinterher. Die verstehen gar nicht, wo ich stehe, die haben auch kein Gespür dafür.

Und was passiert?

Denk dran, wir sind immer die Quersumme aus den fünf Leuten, mit denen wir rumhängen.

Jetzt sind von fünf Leuten, mit denen Du zusammen bist, vier, die überhaupt gar kein Verständnis für Dich haben. Die nicht verstehen, was Mindset ist, was sich da entwickeln muss. Wie, Blockaden? Nö, ist doch alles irgendwie gut so. Also die sind so auf einem Level und die wollen sich auch gar nicht entwickeln. Oft sind das Männer, witzigerweise. Die wollen sich nicht entwickeln, die wollen nicht vorangehen. Die finden, sie sind zufrieden.

Wenn jemand zu mir sagt, er oder sie sei zufrieden, renn ich immer weg, dann würde ich schon gar nicht mehr mit dieser Person sprechen, weil ich denk, ihr Geist färbt ab auf meinen Geist.

Ich will nicht zufrieden sein.
Ich will up and up only. Ich will immer mehr.

Das bedeutet nicht, dass ich aus dem Mangel heraus mehr möchte, sondern aus dieser Gebermentalität heraus. Ich möchte mehr machen, damit ich mehr geben kann.

Das ist die Herausforderung und Du kannst nun für Dich überlegen, mit was für Menschen Du so rumhängst und worüber Du Dich so unterhältst.

Und dann wirst Du ganz schnell feststellen, dass wenn Du mal ein 30 Tage Menschen Fasten machst, wie schnell sich Dein Potenzial entfaltet.
Und wenn Du dann noch ein Coaching buchst in der Zeit, na Halleluja! Das geht doch ab wie Schmidts Katze. Es kann doch dann gar nicht mehr besser werden, weil Du dann schon auf dem steilen Weg bergauf bist. Und das ohne, dass es anstrengend wird für Dich.

Wir verprassen so oft unsere Energie mit dummen Menschen, mit dummen Gesprächen, mit Diskussionen über Zeug, das die Welt nicht braucht.
Es ist einfach unbeschreiblich, und deswegen ist es so wichtig, dass Du Dich herausfordern lässt im Positiven und für Dich mal überlegst: Ist das alles, gerade wo Du Dich bewegst, in diesem Umfeld, ist das für Dich förderlich?
Sind das die Dinge, die Dir Dein Business nach Deinen Regeln unterstützen und supporten?

Oder sind das eher Dinge, die Dich klein halten und die vielleicht auch dafür sorgen, dass Du klein bleibst?

Vielleicht hast Du diesen Zustand absichtlich hervorgerufen, damit Du nicht aus Deiner Komfortzone gehen musst?

Nur Du kannst Dich limitieren!
Dein Leben, Deine Verantwortung!

Declutter den Scheiß in Deinem Leben!

#MillionairesIdentity | Wer bist Du wirklich?

Wer bist Du wirklich? Das ist DIE zentrale Frage für Dich in Deinem Leben und vor allen Dingen in Deinem Online-Business.

Ich hatte gerade heute einen Call mit einer Kundin, die mir echt am Herzen liegt.
Wir sind schnell dahin gekommen, dass wir in diesen ganzen Rollen und mit diversen Maskeraden leben und ständig das Gefühl haben, irgendetwas erfüllen zu müssen oder für irgendjemanden da zu sein. Vielleicht auch gar nicht das machen zu können, was wir wirklich, wirklich wollen, weil wir dann möglicherweise verlieren, was wir uns unser ganzes Leben lang aufgebaut haben.

Doch wenn wir jetzt ganz ehrlich sind und in die Bestandsaufnahme gehen, dann gibt es folgende elementare Fragen zu beantworten und die erste ist:

1. Bin ich wirklich glücklich mit all dem, was ich tagtäglich tue?

Wenn nur eine einzige Sache die Antwort „Nein" bekommt, dann solltest Du sofort diese Sache verändern und gar nicht weiter machen. Hör einfach auf mit dem Shit.

Und dann frage Dich direkt:

2. Warum tue ich das?

Ganz oft wollen wir die Helden sein.
Wir haben als Kinder von unterschiedlichen Seiten gelernt, dass Frauen eine gewisse Aufopferungshaltung entwickeln sollen, denn dann sind sie wertvoll.

Schon Walt Disney erzählt uns, Arielle opfert ihre Stimme, kriegt dafür Beine und der dumme Prinz nimmt doch eine andere, weil er blind ist, seine wahre Liebe zu erkennen. Herzensbrecher!
Schneewittchen, die Arme, muss irgendwie sterben, damit sie ihren Prinzen findet.

Es ist überhaupt nicht cool, dass Frauen für ihren Märchenprinz oder andere Wünsche leiden müssen.

Und das ist leider ein Denken, welches heutzutage oft vorherrscht und ich auch bei meinen Kunden oft in ihren Beziehungen sehe.

Ja, auch in meiner eigenen Beziehung war das eine ganze Zeit lang so.

Jetzt darfst Du Dich fragen:

Warum tust Du diese Dinge?

Tust Du sie, weil Du dann der Held bist, weil Du Dich aufopferst für andere und deswegen dieses dumme Klischee erfüllst?

Oder machst Du das, damit die anderen der Bösewicht sind und Du das Opfer sein kannst?

So frei nach dem Motto:

Ich kann nicht erfolgreich sein, weil er oder meine Mutter oder wer auch immer dies und das machen. Deswegen muss ich mich klein halten.

Oder bist Du der Bösewicht, weil Du es den anderen richtig heimzahlen willst?

In jedem Fall steckst Du mittendrin im Drama Dreieck! Und solange Du dort festhängst, bist Du niemals in Deinem vollen Potential!

Du erkennst das Dilemma?

Ich sage Dir noch etwas!

Das wird sich ohne Coach, ohne Unterstützung von außen, auch nicht ändern. Punkt aus.

Die nächste Frage, die Du Dir stellen solltest, lautet:

3. Bin ich kongruent?

Lebst Du Deinen Kunden vor, was Du predigst?

Also in diesem Moment trage ich meine Chanel Kette und wenn ich gleich raus gehe, ziehe ich meine Burberry Gummistiefel an. Ich setze mich in meinen Porsche, mit meiner Prada Sonnenbrille auf der Nase, dem iPhone in der Tasche und fahre los.

Natürlich sind das alles Statussymbole, ohne die ich auch ganz prima leben könnte, denn ich bin ja kein Materialist.
Ich finde schöne Sachen einfach geil. Ich bin ein Ästhet, ich mag das.

Und deshalb hab ich auch Kunden, die das auch geil finden, die sich auch einfach mal so einen Louis Vuitton Gürtel kaufen oder später natürlich bei Verfürth Mode alles kaufen, was ihnen gefällt.

Erinnere Dich an die Sache mit den Phase 3 Kunden!

Ich buche auch wie meine Kunden. Ich weiß, ich hab ein Problem, sehe einen Coach und ich kaufe sein Programm. Da ist mir der Preis egal. Es ist mir egal, wann das Programm startet. Das ist mir alles lax. Das Einzige, was ich weiß, ist, dass dieser Mensch mich an mein Ziel bringt. Punkt.

Was bist Du für ein Vorbild für Deine Kunden?

Was lebst Du ihnen vor?

Was sollen Deine Kunden bei Dir bekommen?

Es gibt so viele Money Coaches da draußen ohne Money. Es gibt so viele Beziehungs-Coaches ohne funktionierende Beziehung. Es gibt so viele Selbstliebe-Coaches ohne Selbstliebe.

Wenn Du nicht kongruent bist, dann glaubt Dir keiner und keiner wird bei Dir kaufen!

Diese innere Haltung beeinflusst auch Deine Preisgestaltung und ob jemand den Preis bezahlt, den Du aufrufst.

Ich werde immer wieder gefragt: „Jessica, wie macht man denn den Preis fest?"

Du entscheidest einfach, was der Preis für Produkt xyz sein soll.

Das kannst Du aber nur dann wirklich authentisch entscheiden, wenn Du Dir diesen Preis erst einmal selber wert bist. Wenn Du selbst bereit bist, diesen Preis auszugeben.

Das ist ein ganz wichtiges Setting für Dein Mindset!

Hier sehe ich dann sehr oft, wie sich die Menschen selbst belügen.

Sie sagen:
Ja! Ich glaube mir den Preis.
Ich glaube mir, ich bin das wert.
Ich glaube mir, ich darf das haben.

Und gleichzeitig glauben sie eben gerade nicht daran.

Wenn ich übrigens den Satz „Ich darf." höre, krieg ich Ausschlag.

Entweder mache ich etwas oder ich mache es nicht. Punkt aus.
Wozu erst von irgendwo her die Erlaubnis einholen?

Richtige Bossladies - wir Next Generation Bossladies - wir versuchen nicht irgendwas, bis es vielleicht mal funktioniert. Entweder wir machen das, wofür wir uns entschieden haben, oder wir lassen es bleiben, weil wir uns in die Hose machen.
Beides ist okay.

Überlege Dir mal jetzt, auf welche Seite Du Dich stellen möchtest.

Ich persönlich bin jemand, ich mache sofort.
Ich bin jeden Tag Next Level.

Ich entscheide mich, nicht in irgendwelchen Communities rumzuhängen, nicht irgendwelchen Content zu labern, sondern gezielt nach dem nächsten Schritt zu schauen und zu gehen.

4. Prüfe nun, wo Du Dich selbst bescheißt!

Schau auch Deine Beziehungen, Dein Privatleben an!

Du kannst im Business nicht erfolgreich sein und dafür z.B. unglücklich in Deiner Partnerschaft! Das funktioniert nicht.

Wenn Du das glaubst, lügst Du Dir selbst in die Tasche!
Wir Menschen leben immer ganzheitlich!

Ja, es kann sein, dass Du mit harter Arbeit und Fleiß zu Deinem Ziel kommst.
Doch rate ich Dir nicht dazu. Das ist der anstrengende und nicht notwendige Weg.

Wenn Du aber lernst, Dein Leben in Balance zu halten, in Einklang zu bringen, dann wirst Du ganz schnell feststellen, dass Du in kürzester Zeit mega krass erfolgreich bist.
Du wirst feststellen, dass Du super viel Spaß auf dieser Reise hast!
Nichts kann Dich dann durcheinanderbringen, oder von Deinem Traum abhalten.

Sei immer, immer ehrlich zu Dir selbst!

Ja, manchmal ist es hässlich, sich seinen Kram ehrlich anzugucken.
Ich weiß das selber. Es ist nicht schön. Macht auch nicht so viel Spaß.
Doch wenn wir da durchgegangen sind, dann ist es Zeit für unsere Millionärsidentität.

Ich gehe einfach davon aus, dass Du reich werden willst!
Was reich auch immer für Dich bedeutet.

Das kann eine Million sein, das können hundert Millionen sein, das können 10.000 Euro im Jahr sein.

Ich habe keine Ahnung, was Deine Definition von reich ist.

Viel wichtiger ist die letzte Frage in diesem Kapitel:

5. Wer bist Du, wenn Du diese Identität bist?

Sobald Du ein Bild hast, fang an diese Identität zu sein.

Für mich gibt es eine 25+ Liste mit Zielen oder Dingen, die ich mir wünsche und für die ich gehe. Sie gehören zu meiner Millionärsidentität. Ob es Botox oder der Porsche ist, dort liegt mein Fokus!

Genauso ist es mit den Fragen:

Wo sind meine Soulis?

Mit wem will ich arbeiten?

Wie will ich arbeiten?

Auch da liegt mein täglicher Fokus!

Ich arbeite in meinem Business nicht mehr wirklich selber, sondern ich habe ein Team. Und jedes meiner Businesses hat ein Team von mindestens zwei bis fünf Leuten. Das macht mich so unglaublich frei in allem, was ich tue, weil es einfach immer nur „up and up only" gehen kann, weil ich mich gar nicht mehr im Hustle Modus befinde.

Zum Abschluss dieses Kapitels eine kleine und doch sehr wirksame Übung für Deine Millionärsidentität:

Schließe Deine Augen und überlege Dir, wer Du bist, wenn Du diese reiche Person bist?

Wie sieht Dein Leben aus?

Mit wem hängst Du rum?

Wie riecht das?

Wie schmeckt das?

Wie sieht Dein Tag aus?

Viel Spaß!

Du bist JETZT!

Alles was Du willst ist schon da!
Du hast es noch nicht, weil Du es noch nicht genug willst!

Welchen #Footprint willst Du hinterlassen?

Einen Footprint zu hinterlassen bedeutet im Grunde, dass Du etwas hinterlässt, etwas in Gang setzt oder einfach nur auf etwas aufmerksam machst, damit andere ihre Aufmerksamkeit darauf richten können.

Ich rede hier nicht vom CO^2-Footprint oder so, das muss jeder für sich selbst wissen.

Was aber echt wichtig ist, zu entscheiden, ist:

Wofür bist Du hier in dieser Welt?

Jeder von uns ist mit einem einzigartigen Potenzial in diese Welt gekommen. Und es gibt wirklich gar nichts, was mit Deinem Potenzial zu tun hat, was Du nicht tun kannst.

Und leider sind wir, durch die Art und Weise, wie wir groß werden, durch die Glaubenssätze unserer Eltern, Großeltern und vielleicht noch der Generation davor limitiert. Laut den Mendelschen Regeln ist nach sieben Generationen die Genetik eine völlig andere als die der ersten Generation.

So kannst Du Dir das auch mit den Glaubenssätzen vorstellen.
Nach sieben Generationen hast Du nicht mehr die Glaubenssätze der ersten Generation, aber die der letzten sechs.
Und die haben ja ihren Ursprung in der ersten Generation.

Warum ich Dir das sage? Du musst dich ernsthaft damit auseinandersetzen, was Du hier in dieser Welt willst.

Und noch etwas: Du bist mehr als Dein Ego.

Unser Ego ist entweder aufgeblasen und stellt sich über andere, oder es ist so klein, dass jeder auf uns herumtrampeln kann.

Die wenigsten Menschen haben ein gesundes Ego.

Und das ist nicht etwas, das uns in Gut und Böse einteilt, sondern es ist einfach, wie es ist. Punkt. Es IST einfach.

Was die Welt aber braucht, ist unsere Einzigartigkeit und darüber müssen wir uns bewusst werden.

Jeder von uns hat ein Tool, eine Gabe, ein Talent, ein Skill, eine Geschichte, ein Learning, nenn' es wie Du willst, das Du in diese Welt tragen kannst.

Es gibt irgendetwas in Deinem komplexen System, das ein anderer Mensch braucht.

Und deswegen sage ich Dir hier und heute, es ist unglaublich wichtig, dass Du Dir kurz darüber bewusst wirst.

Und es ist egal, ob Du nur einen Kurs machst wie einen How-to-Kurs, also How to benutze ich Excel oder How to mache ich eine Landingpage?, oder ob Du ein tiefentransformierendes Schwingeling Coaching anbietest, oder wie in meinem Fall Business Aufbau, Business- und Marketingstrategie vermittelst.

Wichtige ist nur, dass Du Dir Deiner Einzigartigkeit bewusst wirst.

Meine Einzigartigkeit ist, Menschen zu erkennen und maßgeschneiderte Konzepte zu erstellen, die zu tausend Prozent aufgehen.

Lass Dir auf Deinem Weg bloß keinen Müll erzählen!

Von wegen, es gibt schon so viele Coaches, Kurse, Learnings, How to Videos, man kann alles kostenlos bei YouTube lernen, es gibt schon so viele Blogartikel, Podcasts, es gibt schon so viele Newsletter Schreiberlinge, gibt's schon, gibt's schon, gibt's schon ...

Das stimmt so nicht.

Wir sind so viele Menschen da draußen, stell Dir vor, es gäbe nur einen Einzigen, der diese eine Sache macht. Der wird ja völlig überlaufen sein. Und niemand außer den paar, die er betreuen kann, kommen dann zu ihrem Ziel.

Sieh es mal lieber aus dieser Perspektive:
Wir sind so unglaubliche Menschen, wir sind so mega cool, dass wir immer genau die richtigen Menschen, die gerade Bock haben mit uns zu arbeiten, anziehen.

Das ist das Gesetz der Anziehung.

Und deswegen ist es so wichtig, dass Du begreifst, wie geil Du bist, damit Du der Welt da draußen mit Deinem Standing, mit Deinen Schwingungen in Deiner Aura oder in Deinem morphogenetischen Feld, in Deiner Matrix, nenn es wie Du willst, raus gehst und darüber sprichst, wer Du bist und was Du kannst. Es ist wichtig, dass Du Dir große Ziele setzt, die so abgefahren sind, dass Dein Gehirn denkt „Nöp, Du, niemals. Nein, Du auf gar keinen Fall. Niemals Du, alle anderen, ja. Aber Du, nein."

Ich hatte neulich den Gedanken, dass eines Tages eine Straße nach mir benannt wird und ich weiß, das wird geschehen, weil ich mich entschieden habe.
Ich habe mich entschieden einen Footprint zu hinterlassen, der viel größer ist als ich.

Das beste Beispiel für sowas ist Barbara Sher, die den Scanner Begriff geprägt hat. Sie ist mittlerweile verstorben und ihre Bücher überdauern sie.

Jede Frau, die so multi-talentiert ist, die sich nicht fokussieren kann, die alles sofort will und deswegen alles ständig wieder aufbaut und kaputt macht, wird sich weiterhin in ihren Büchern erkennen und sich selber verstehen.

Was für ein Geschenk!
Ja, was für ein unglaublich großes Geschenk hat diese Frau hinterlassen.

Und ich habe an diesem Geschenk mit meinem Business angeknüpft und gesagt: „Hey, ich arbeite mit denen, die wirklich, wirklich erfolgreich sein wollen, mit den Next Generation Bossladies".

Nun frage ich Dich:

Was willst DU?

Was ist Dein großes Wozu? Was ist Dein Warum?

Was ist die Message, die Du in diese Welt tragen willst?

Für wen? Warum?

Wenn Du das für Dich klar hast, dann bist Du nicht müde weiterzumachen, auch in den Momenten, wo Du vielleicht nicht mehr so super motiviert bist.
Das wird Dich auch Durch die Downs tragen und es wird Dich in den Ups erinnern, wer Du bist.

Wenn Du es nicht für Dich tust, dann tu es für die Welt!
Du wirst gebraucht!

Es gibt keinen anderen Weg als Deinen Seelenplan!

Hab' Spaß auf dem #ErfolgsHighway!

Es muss (!) Spaß machen!
Wenn Dein Business keinen Spaß mehr macht, dann brauchst Du einen Coach.
Dann hast Du Dich so mit Deiner Strategie, mit Deinen tollen Gedanken, mit Deinen super coolen Ideen, die Du alle irgendwie nicht miteinander kombinieren kannst, festgefahren.

Und dann ist es anstrengend.

Dann macht das Schreiben eines Facebook Posts keinen Spaß mehr. Dann geht's Dir auf die Eier, live zu gehen. Dann hast Du auch keinen Bock, ein Gewinnspiel zu planen, weil ja eh keiner mitmacht. Dann hast Du auch keine Lust, irgendwelche Stories zu produzieren bei Insta und Co, weil Du einfach denkst „Oh, guckt doch eh keiner an". Und vielleicht ist Dein Telegramm Kanal auch schon gestorben oder Dein WhatsApp Broadcast hat das letzte Mal vor Monaten etwas von Dir gehört.

Ich kenne eine Fantastillion Frauen, denen es genauso geht. Die haben mit so viel Enthusiasmus und Power und Liebe ihr Business gestartet. Und weil sie aber vielleicht nie im Business Coaching waren oder das im Business Coaching nur halbherzig gemacht haben, oder vielleicht das Commitment auch nicht so richtig stimmte, oder sie einfach nicht intelligent genug waren in sich selbst zu investieren, kommen sie an diesen Punkt, wo es nicht mehr weitergeht.

Sie stecken richtig fest, so ein bisschen wie im Treibsand und je mehr die sich dann bewegen, desto tiefer sinken sie ein.

Was ist hier passiert?
Glasklar, die Bullshit Stories, der Mindfuck-Tango, all diese Sachen treten auf den Plan. Das bringt sie zum Stillstand oder noch schlimmer zum Rückschritt oder im schlimmsten Fall zur Kapitulation.

Das ist ganz oft der entscheidende Moment für ein Online-Business bzw. für Deine Business Attitude, ja für Deine Bosslady Attitude, wie wir das gerne nennen im Bosslady Imperium.

An diesem Punkt entscheidet sich:

Willst Du, was Du hier aufbaust, wirklich, wirklich, wirklich?

Oder hättest Du gerne irgendwas, das irgendwie funktioniert, damit Du irgendwie Deine Träume leben kannst?

Und Du merkst schon, diese ganzen Irgendwies sind der Grund, warum Du verkackst.

Das ist die Wahrheit.

Das Commitment spielt eine entscheidende Rolle!

Wir leben in Mutkurven.
Wo immer wir starten, gelangen wir erst auf eine Plateau-Ebene. Dann geht es so langsam nach oben. Dann kriegen wir immer mehr Mut, Mut, Mut, Mut, Mut und Mut.

Dann sind wir auf so einem hohen Peak und denken
„Ok, und jetzt buche ich das." und dann kommt sofort sowas wie" Nee, lieber erst morgen."

Was passiert?
Die Mutkurve geht wieder langsam bergab. Und bis die nächste Mutkurve dann den Weg nach oben findet, passiert dann manchmal jahrelang gar nix.

Der Tag, an dem es Dir keinen Spaß mehr macht, spätestens das ist der Tag, wo Du in die #*NextGenerationBosslady* springen musst. Das ist einfach so.

Denn die Wahrheit ist:
Wenn es anstrengend wird, brauchst Du einen Coach, genau wie Deine Kunden auch.

Spannend, oder?
Ich liebe diese Erkenntnis.

Wie holst Du Deine Kunden denn ab, wenn sie auf den Mutberg nach oben laufen, schließlich oben stehen und denken „Jetzt ist der Moment, jetzt, ich hab's geschafft. Ja, scheiß Mount Everest, ich bin oben angekommen. Jetzt kann ich mein Coaching buchen", und dann denken sie im nächsten Moment „Ah, nein, lieber erst morgen".

Wie sprichst Du sie dann an?

Du hast noch nie gesehen, wenn Deine Kunde da oben stehen?

Oh! Nicht gut.

Du musst Deine Kunden kennen - besser als Dich selbst!

Du kannst immer davon ausgehen, alle Prozesse, die Du durchläufst, durchlaufen Deine Kunden ebenfalls.

An dieser Stelle ein wichtiger Impuls!
Stell Dir vor, Du machst richtig cooles Marketing, gehst regelmäßig live, führst lustige Challenges, Gewinnspielen etc. durch und was Du noch glaubst für Deinen Erfolg tun zu müssen und stellst fest: Niemand bucht. Keiner kauft. Du bekommst keine Kunden.

Wie frustrierend...

An dieser Stelle kannst Du für dich selbst überlegen, wann DU das letzte Mal etwas gebucht oder gekauft hast, was Dir geholfen hat, besser zu werden?

Wann hast Du das letzte Mal Geld in die Hand genommen und in Dich investiert?

Das ist eine essentielle Frage, weil sie Dir sofort erklären wird, warum Deine Kunden nicht kommen.

Falls Du darüber hinaus immer noch mit Phase 1 Kunden sprichst, dann bitte hör jetzt in diesem Moment damit auf.

Diese Kunden sind einfach nicht bereit für Veränderung und echte Eigenverantwortung.

Fakt ist, entweder Dein Marketing ist schlecht oder Dein Mindset ist richtig beschissen. Vielleicht auch beides.

Ich kenne keinen Online-Unternehmer, der ohne Business Coach, ohne Mindset Coach sofort sechsstellig war.

Auf einmal fünfstellig zu sein, wie in meinem Fall, war schon heftig und dennoch heißt es nicht, dass sechsstellig weit weg ist, denn nur ein paar Monate später war das Bosslady Imperium sechsstellig im Monat.

Du kannst jetzt natürlich weiterhin mit Deinem Angebot rumeiern. Vielleicht hast Du auch schon echt coole Infos hier aus diesem Buch für dich mitgenommen und fühlst Dich schon sehr gut gerüstet, um allein weiterzumachen.
Doch lass Dir Folgendes von mir sagen:
Ich gehe jeden Tag fünf bis zehn Schritte weiter, und das echt kompromisslos. Ich muss mich auch immer wieder von vielen Dingen trennen, von vielen Menschen, von vielen Glaubenssätzen, manchmal auch von Geld.

Wenn Du wirklich weiter gehen willst, jetzt hier mit mir, dann ist für Dich die einzige logische Konsequenz in die *Next Generation Bosslady* zu kommen.

Das sage ich Dir nicht, weil ich Kunden nötig habe, sondern weil ich felsenfest davon überzeugt bin, dass wenn Du hier diese Zeilen liest, dann hat das den Grund, dass Du weitergehen willst.

Atme tief durch.
Erinner dich, was ich gesagt hab.

Wenn Dein Business keinen Spaß mehr macht, brauchst Du einen Coach.
Wenn Dein Business anstrengend ist, dann brauchst Du einen Coach, genau wie Deine Kunden ja auch einen Coach brauchen.

Ich kann nur unterstreichen, welche Monster-Erkenntnis das ist.

Du zweifelst an meinen Worten?

Okay.
Frage Deine Kunden. Frage Deine Interessenten.
Frage sie, warum sie nicht kaufen.

Ich gebe Dir Brief und Siegel, dass sie Dir antworten, dass sie glauben es alleine schaffen zu können. Hier wirkt das Gesetz der Anziehung.

Was wirst Du nun verändern, dass Du Kunden anziehst?
Was wirst Du TUN, damit Dein Marketing, Kundengewinnung ist?

Sei ehrlich zu Dir!
Go play!

Entscheide Dich auf ERFOLG zu setzen!
Du kannst Dir auf dem #ErfolgsHighWay keine Zweifel erlauben!

Ready for #RockstarAttitude?

Es geht darum, Dein Business in Deinem vollen Potenzial zu leben. Lebe es mit Deiner Message für diese Welt, mit Deiner Liebe für Deine Kunden, für die Erlösung aus ihren Problemen. Jeder von uns ist hier, um jemand anderen zu supporten. Das ist einfach so. Niemand kommt in dieser Welt völlig alleine klar.
Das stimmt nicht. Das funktioniert nicht.

Und ich hab es schon erwähnt und ich frage Dich nochmal:

Warum gehst Du noch nicht für Dich?

Warum hast Du noch kein klares Ja zu Dir selbst, zu dem Bedürfnis, mit Deinem Business richtig, richtig erfolgreich zu werden?

Ich rede hier nicht von so ein bisschen erfolgreich, so ab und zu vielleicht mal fünfstellig, sondern es soll Dein neues Normal werden, fünfstellig im Monat Minimum zu generieren. Ja, wir reden hier vom Minimum.

Die Voraussetzung dafür ist, dass Du bereit bist, alles auf eine Karte zu setzen und ich sag hier nicht, „Kündige Deinen Job, verkauf Dein Haus", oder was auch immer.
Du kannst Dein Business auch ganz bequem neben dem Beruf aufbauen. Ich habe auch schon Kunden begleitet, die das genauso gemacht haben und mittlerweile auch super erfolgreich sind. Der Weg ist vielleicht ein kleines bisschen länger, was ja nicht schlimm ist.

Doch wenn Du bis hierher gelesen hast und immer noch nicht die Entscheidung getroffen hast, für Dich weiterzugehen, dann wirst Du diese Entscheidung wahrscheinlich nie treffen.

Bei jedem nächsten Coach wirst Du wieder genau an diesem Punkt stehen bleiben. So auch beim folgenden und bei dem, der dann kommt ...

Deswegen möchte ich Dir noch einmal echt vor Augen halten, dass Du Dir klar machst:

Wofür bist Du hier?

Naja, vielleicht hast Du Kinder, hey cool, Du bist eine Mutter.
Vielleicht hast Du einen Partner, hey cool, Du bist Partnerin.
Vielleicht kümmerst Du Dich um Deine Eltern?
Vielleicht hast Du einen sehr verantwortungsvollen Job?
Vielleicht bist Du der Einzige, der einen ganz gewissen Menschen in Deinem Leben versteht und niemand anders außer Dir ist für ihn da, nimmt ihn wahr oder sie?

Doch ganz ehrlich, was hat all das mit Dir zu tun?

Was haben all diese Menschen und diese Beziehungen, die Du mit ihnen führst, mit Dir und Deiner Persönlichkeit zu tun und mit dem, was Deinem Potenzial entspricht?

Ich sehe es so oft, dass Mütter sagen, wenn die Kinder eines Tages aus dem Hause sind, dann werde ich das und das machen.
Und seien wir mal ehrlich, die meisten Ehen zerbrechen, wenn die Kinder aus dem Hause sind und die Fraue ist völlig frustriert, weil

sie sich aufgeopfert hat und sich nicht entfalten konnte. Und zack! Auf einmal sind ihre Kinder erwachsen.

Ich habe auch ein erwachsenes Kind. Ich weiß genau, wie sich das anfühlt.

Und dann war's das mit „Ich brauche meine Mutti."
Mutti braucht es dann nur noch, bei Geldsorgen oder wenn das Kind mal mit jemandem quatschen muss oder irgendwelche behördlichen Dinge zu regeln sind usw. Dann ist Frau doch ewig Mama für diese großen, fast erwachsenen Menschen.

Doch das, was vielleicht unsere Kleinkinder noch von uns brauchen, das ist dann nicht mehr vonnöten und dann sind wir eben auch nicht mehr diese Mutter, die von ihren Kindern gebraucht wird.

Wir fallen in unser erstes Loch.

Wenn uns dann der Partner verlässt, fallen wir in unser zweites Loch. Der Balanceakt zwischen Partnerin und Mutter ist ja alles andere als leicht.

Wenn Du Dich dann noch um Menschen kümmerst, bis sie sterben, sie pflegst oder sonst was, dann sind sie doch irgendwann tot. Ob das gut oder schlecht ist, will ich gar nicht bewerten. Aber dann sind sie nicht mehr da, das ist ja einfach Tatsache. Und dann fällst Du ins nächste Loch. Und so weiter und so weiter.

Ich glaube, es ist klar, worauf ich hinaus möchte.
Irgendwann stellst Du fest, dass Du Dein ganzes Leben lang darauf gewartet hast, irgendwann in den Startlöchern zu stehen und loszulegen. Doch es immer immer ein neuer Umstand in Dein Leben gekommen und hat dich davon abgehalten, endlich Gas zu geben.

Als ich das Bosslady Imperium gestartet habe, habe ich gerade mein viertes Kind bekommen. Mit einem fünf Monate alten Säugling und einem zweijährigen Kleinkind, das nicht durchgeschlafen hat, hab ich trotzdem ein unglaublich krasses Business aufgebaut.

Und auch in dieser Lockdown Situation war ich unglaublich erfolgreich, bin ich noch.

Warum? Ich habe eine Vision für mich und mein Leben!

Diese habe ich unabhängig davon, ob und was für eine Mutter ich bin, ob ich in einer Beziehung bin oder nicht, ob ich eine gute oder schlechte Tochter, eine gute oder schlechte Schwester oder all diese Rollen bin, die mir und auch Dir auferlegt werden.

Ich habe eine Vision für mich und für Dich.

Ich will, dass Du das krass geilste Business rockst, auf das Du richtig, richtig Bock hast! Unabhängig von all diesen Blaupausen und 08/15 Laber Rhabarber Gedöns da draußen. Sondern einfach Dein geiles Business.

Das geht jedoch nur, wenn Du Dich entscheidest, der fucking Rockstar zu werden für Deinen Erfolg, für Dich in Deinem Leben.

Ob Du es glaubst, oder nicht! Ich habe einst richtig viel Geld für ein Coaching ausgegeben, nur um folgenden Satz zu lernen:

I GO FIRST.

Und es hat überhaupt gar nichts mit Egoismus zu tun und noch viel weniger damit, irgendwelche Leute zu erniedrigen oder sich über irgendjemanden zu erheben!

Es hat einzig und allein mit der Tatsache zu tun, sich selber als dieses wunderbare Geschöpf zu erkennen, das Du bist. Mit all Deinen einzigartigen Talenten und Gaben.

Es hat damit zu tun, dass Du dann Gas gibst, um die Beste zu werden! Die beste Version Deiner selbst! Weil Du auf dem Weg einfach alles gibst!

Wenn Du jeden Tag einen Schritt weiter gehst, dann wirst Du irgendwann an dieses wunderbare Ziel kommen. Dieses Ziel solltest Du Dir ganz bewusst setzen, damit für Dich klar ist, was Du anvisierst!

WAS WILLST DU HEUTE IN 5 JAHREN, FÜR DICH IN DEINEM LEBEN MIT DEINEM BUSINESS ERREICHT HABEN?

Nimm Dir nun den Raum und Zeit folgende Fragen ganz ehrlich zu beantworten!

- Wie vielen Menschen willst Du geholfen haben?
- Wie viele Programme willst Du verkauft haben?
- Wie viel Geld willst Du umgesetzt haben?

- Wie viele Leute willst Du bei Social-Media-Accounts als Follower oder in Deinen Gruppen als Member haben?

- Wie bekannt möchtest Du sein?

- Wie viele Interviews willst Du geben?

- Wie viele Kooperationspartner willst Du haben?

- Wo willst Du wohnen?

- Wie sieht Dein Leben aus? Wie riecht es, wie schmeckt das?

Fakt ist, wir erreichen unsere Ziele nicht, weil wir sie nicht erreichen können, sondern weil wir sie nicht klar definieren!

Doch fällt uns das ganz oft so unsagbar schwer!
Losgehen ist das eine, dranbleiben und Dein Ziel nicht aus den Augen verlieren ist das andere!
Ich empfehle ich Dir von ganzem Herzen, mit einem Coach an Deiner Seite zu gehen. So wirst Du nicht diese unzähligen Fehler machen, wie viele andere, die unnötig Energie, Zeit und eine Menge Geld verlieren.

Ja! Ein Coaching kostet Geld und doch gewinnst Du letztlich ein Vielfaches von Deinem Invest, weil Du Deinem Ziel Schritt für Schritt auf kurzem Wege näher kommst!

Vielleicht denkst du jetzt auch so etwas wie „Hey, wie kann ich mir jetzt so ein Coaching finanzieren? Das ist doch voll teuer!".

Dann lass uns doch nochmal kurz in Dein Mindset gehen und mal hinschauen!

Du könntest Dir also Geld leihen! Oha! Was denkst Du dazu?

Besonders in Deutschland haben wir so ein riesen Thema mit Schuld. Keine Ahnung, woher das kommt, doch gerade wir Frauen haben ein Thema mit Schuld! Seit Eva vom Apfel abgebissen hat ist eh alles vorbei.

Wenn Du jetzt aber den Ausdruck „Schulden machen" in „ein Investment tätigen" übersetzt oder gar transformierst, dann bekommt es schon eine ganz andere Note.

Ich will Dir noch ein Beispiel mitgeben, das ich richtig gut finde.

Angenommen, Du willst ein Auto haben.
Das Auto kostet 10.000 Euro und Du sparst jetzt jeden Monat 500 Euro. So lange hast Du kein Auto, kannst nicht fahren, wohin Du willst und sparst fleißig vor Dich hin.

Das heißt, Du bleibst die ganze Zeit in diesem Mangel und sparst aus dem Mangelgedanken heraus auf dieses Auto.

Irgendwann wird der Tag kommen, an dem Du das Auto kaufen kannst.
Vielleicht ist die Freude groß, eine riesige Last fällt von Dir oder Du kaufst es doch nicht, weil Du Dir auf einmal richtig Angst machst.

Das macht Dir Angst.
Du hast auf einmal die Möglichkeit, das Ding mit dem „Auto kaufen" zu tun und plötzlich denkst Du: „Naja, jetzt habe ich so lange darauf gespart, jetzt kaufe ich mir das Auto lieber nicht". Diese zwei Sachen können passieren.

Jetzt nehmen wir mal an, Du gehst zu einer Bank oder zu jemandem, um Dir Geld zu leihen. Schließlich gibt es neben regulären Banken auch Privatinvestoren, Privatbanken, Eltern, den Partner, oder wen auch immer Du beleihen kannst.
Du könntest sogar Deine Kunden mit einbeziehen und z.B. eine Crowdfunding-Kampagne initiieren. Also es ist alles möglich.
Wir dürfen da ruhig kreativ sein.

Sag mir welches Gefühl ist schöner?
Dieses Auto zu bezahlen, während Du es fährst oder auf ein Auto hin zu sparen, aus dem Mangel heraus, weil Du kein Auto hast?

Was Du natürlich auch machen kannst, ist Deine Sachen zu verkaufen.
Ich habe das auch gemacht. Immer wenn ich irgendwas wollte, und ich kein Geld dafür hatte, dann habe ich mein Zeug verkauft.

Es kann sein, dass es Dein Auto ist, was Du verkaufst. Es kann sein, dass Du Deine Designer-Teilchen verkaufst. Was auch immer.
Und ich weiß, jeder von uns hat mindestens drei Umzugskartons im Keller mit irgendwelchem Zeug, das wir nicht mehr anfassen.
Manche von uns haben einen Thermomix in der Küche stehen und benutzen diesen nicht.

Es gibt so viele Möglichkeiten.

Und der einfachste Weg, wenn Du überhaupt nichts von all dem umsetzen kannst, ist: Geh arbeiten!

Als ich damals Deutschland verlassen wollte, hab ich jeden Cent, den ich verdient habe in ein Glas getan und ich hatte in kürzester Zeit, nur mit Nebenjobs, über 6.000 Euro zusammen. Das ging ratzfatz.

Ich war mir nicht zu schade und nicht zu gelähmt zu denken, es gäbe nur einen Weg, um an mein Ziel zu kommen.

Frag' nach dem Wie!

Ja, das kannst Du jetzt sofort tun! Frage nach dem WIE!
Wie kann ich jetzt Geld zusammenbekommen, um in die Next Generation Bosslady zu kommen? Was kann ich dafür tun?

Ich bin mir sicher, Du wirst eine Antwort bekommen.
Du wirst einen Impuls erhalten, Du wirst einen Gedanken haben, vielleicht wird Dich jemand anrufen oder Du bekommst den Impuls, jemanden anzurufen. Vielleicht kennst Du auch jemanden, der jemanden sucht, der sich gerade um die alten Leute kümmert oder ein bisschen Haushalt macht oder ein bisschen einkaufen geht oder so.

Du brauchst jetzt nicht denken, die Leute geben dafür kein Geld aus. Das ist totaler Quatsch.
Wir geben immer Geld dafür aus, dass andere uns das Leben erleichtern. Das ist in uns verankert.
Und wenn Du irgendetwas hast, das Du anderen Leuten anbieten kannst, dann bist Du da schon auf einem guten Weg.

Bist Du eine #NextGenerationBosslady?

Falls Du bisher nur ein klassisches Business Coaching absolviert hast und nun feststellst, dass Dir das Fundament für ein Online-Business fehlt, dann gönn Dir die #SuccessfulScannerladyBusinessSkills[9].

In diesem Programm bekommst Du alle Tools, alle Skills an die Hand, die ich für jedes meiner einzelnen Businesses anwende und die auch alle meine Kunden erfolgreich umsetzen.

Vielleicht ist es auch eher so, dass Du das Gefühl hast, Du drehst Dich im Kreis, irgendetwas sabotiert Dich, lähmt Dich und Du kommst einfach nicht weiter. Dann empfiehlt sich ein #FokusCoaching[10] bei mir!

Nutze diese 60 Minuten mit mir wirklich, um ganz gezielt zu schauen:
Was ist gerade das Problem? Wie geht es weiter?

Das Fokus Coaching ist allerdings nicht für jeden. Wenn Du kein Basiswissen zum Thema Online Business hast, dann ist das Fokus Coaching nichts für Dich.

Möglicherweise ist für Dich aktuell Dein Money Mindset Thema und Du weißt, Du musst Dich jetzt damit auseinandersetzen, weil Du verstanden hast, dass Dir die geilste Strategie nichts bringt, wenn Dein Money Mindset Scheiße ist.
Komm dazu gerne in die #MoneyPorn[11].

---

[9] https://elopage.com/s/BossladyMentorin/successful-scannerladies-business-skills
[10] https://elopage.com/s/BossladyMentorin/fokus-coaching
[11] https://elopage.com/s/BossladyMentorin/moneyporn

Du willst JETZT Resultate und Erfolge? Dann warte nicht eine Sekunde länger!

In #Crazy&Rich[12] gebe ich Dir meine Umsetzungs- und Mindset Tools an die Hand mit denen ich in nur 9 Monaten ein monatlich 6-stelliges Business aufgebaut habe.

Ganz einfach erklärt ohne viel Bla Bla genau auf den Punkt! Denn wir haben keine Zeit zu verschwenden!

So und dann, wenn Du merkst „Hey, und jetzt will ich richtig erfolgreich sein. Ich will die Sechsstelligkeit erreichen! ", dann ist die ***Next Generation Bosslady*** natürlich das Programm, was Dir all diese Dinge, die Dich blockieren, wegnimmt und Dir das gibt, was Du wirklich brauchst für Dich und Dein Business.

Jetzt bist Du dran!
Bist Du bereit für Next Level?

Dann buch' Dir jetzt einen #LifeChanger Call mit Alexia[13], um zu schauen, ob die Next Generation Bosslady jetzt für Dich dran ist!

---

[12] https://elopage.com/s/BossladyMentorin/crazy-rich
[13] https://bosslady-imperium.de/linksammlung/

Über die Autorin

Jessica Verfürth ist No.1 Business Expertin für Scannerladies, multiple Bestsellerautorin und Gründerin des Bosslady Imperiums.

Zu diesem gehören u.a. das Bosslady Talk Onlinemagazin für Scannerladies, die exklusiven Bosslady VA Agentur, das Verfürth Modelabel und die jüngst gegründete Verlagsagentur "Hä? Natürlich Bestseller!" für High Performer, die sich als Marktführer in ihrer Branche etablieren wollen.

Jessica wurde 1986 in Siegburg geboren und wuchs mit ihren zwei älteren Geschwistern bei ihrer alleinerziehenden Mutter in Hamburg auf.
Ihr vergangenes Leben war geprägt von Dramen, Armut und Gewalt.

Nach einschneidenden Erlebnissen war Jessica eines Tages klar, dass sie ihr Leben grundlegend verändern musste, um die Frau und Mutter zu sein, die finanziell frei, stark und unabhängig für sich und ihre Familie einsteht.

Ihr Wunsch war es, ortsunabhängig zu arbeiten und sie verspürte den starken Impuls, Frauen in ihrer Persönlichkeit zu stärken, irrte aber einige Zeit im Online Business Dschungel umher, bis sie Klarheit über ihre Berufung und ihre Ziele erlangte.

Im März 2020 gründete Jessica Verfürth, als DIE passionierte Scannerin schließlich das Bosslady Imperium.
Seitdem wächst ihr Unternehmen explosionsartig und mit ihrem starken, hochqualifizierten Team, stellt Jessica immer neue Projekte auf die Beine und kreiert weitere Geschäftsfelder ihres multiplen Bosslady Imperiums.

Dein Workbook, weitere Bücher, Produkte & Infos

Zu weiteren Büchern, kostenfreien Angeboten, unserer High Energy Community und dem Lifechanger Call mit Alexia bitte hier entlang:

https://www.bosslady-imperium.de/linksammlung/

Und hier bekommst Du das **#KillYourLimitsAndGrowBig Workbook**.
Lass all das, was Dich limitiert und klein hält, hinter Dir!

Hier geht`s zum Workbook **4FREE**:

https://www.bosslady-imperium.de/ngb-workbook

Copyright, Haftungsausschluss & Datenschutz

Haftungsausschluss

Inhalt des Buchangebotes

Der Autor übernimmt keinerlei Gewähr für die Aktualität, Richtigkeit und Vollständigkeit der bereitgestellten Informationen in diesem Buch. Haftungsansprüche gegen den Autor, welche sich auf Schäden materieller oder ideeller Art beziehen, die durch die Nutzung oder Nichtnutzung der dargebotenen Informationen bzw. durch die Nutzung fehlerhafter und unvollständiger Informationen verursacht wurden, sind grundsätzlich ausgeschlossen, sofern seitens des Autors kein nachweislich vorsätzliches oder grob fahrlässiges Verschulden vorliegt.
Alle Angebote sind freibleibend und unverbindlich. Der Autor behält es sich ausdrücklich vor, Teile der Seiten oder das gesamte Angebot ohne gesonderte Ankündigung zu verändern, zu ergänzen, zu löschen.

Verweise und Links

Bei direkten oder indirekten Verweisen auf fremde Webseiten („Hyperlinks"), die außerhalb des Verantwortungsbereiches des Autors liegen, würde eine Haftungsverpflichtung ausschließlich in dem Fall in Kraft treten, in dem der Autor von den Inhalten Kenntnis hat und es ihm technisch möglich und zumutbar wäre, die Nutzung im Falle rechtswidriger Inhalte zu verhindern.

Der Autor erklärt hiermit ausdrücklich, dass zum Zeitpunkt der Linksetzung / Linkinformation keine illegalen Inhalte auf den zu verlinkenden Seiten erkennbar waren. Auf die aktuelle und zukünftige Gestaltung, die Inhalte oder die Urheberschaft der verlinkten/verknüpften Seiten hat der Autor keinerlei Einfluss. Deshalb distanziert er sich hiermit ausdrücklich von allen Inhalten aller verlinkten /verknüpften Seiten, die nach der Linksetzung verändert wurden. Diese Feststellung gilt für alle innerhalb des eigenen Internetangebotes im Zusammenhang mit diesem Buch gesetzten Links und Verweise sowie für Fremdeinträge in vom Autor eingerichteten Gästebüchern, Diskussionsforen, Linkverzeichnissen, Mailinglisten und in allen anderen Formen von Datenbanken, auf deren Inhalt externe Schreibzugriffe möglich sind. Für illegale, fehlerhafte oder unvollständige Inhalte und insbesondere für Schäden, die aus der Nutzung oder Nichtnutzung solcherart dargebotener Informationen entstehen, haftet allein der Anbieter der Seite, auf welche verwiesen wurde, nicht derjenige, der über Links auf die jeweilige Veröffentlichung lediglich verweist.

Urheber- und Kennzeichenrecht

Der Autor ist bestrebt, in allen Publikationen die Urheberrechte der verwendeten Bilder, Grafiken, Dokumente und Texte zu beachten, von ihm selbst erstellte Bilder, Grafiken, Tondokumente und Texte zu nutzen oder auf lizenzfreie Grafiken, Tondokumente und Texte zurückzugreifen.
Alle innerhalb des Buchangebotes genannten und ggf. durch Dritte geschützten Marken- und Warenzeichen unterliegen uneingeschränkt den Bestimmungen des jeweils gültigen Kennzeichenrechts und den Besitzrechten der jeweiligen eingetragenen Eigentümer. Allein aufgrund der bloßen Nennung ist nicht der Schluss zu ziehen, dass Markenzeichen nicht durch Rechte Dritter geschützt sind!
Das Copyright für veröffentlichte, vom Autor selbst erstellte Objekte bleibt allein beim Autor der Seiten. Eine Vervielfältigung oder

Datenschutz

Sofern innerhalb des Buchangebotes die Möglichkeit zur Eingabe persönlicher oder geschäftlicher Daten (Emailadressen, Namen, Anschriften) besteht, so erfolgt die Preisgabe dieser Daten seitens des Nutzers auf ausdrücklich freiwilliger Basis. Die Inanspruchnahme und Bezahlung aller angebotenen Dienste ist – soweit technisch möglich und zumutbar – auch ohne Angabe solcher Daten bzw. unter Angabe anonymisierter Daten oder eines Pseudonyms gestattet. Die Nutzung der im Rahmen des Impressums oder vergleichbarer Angaben veröffentlichten Kontaktdaten wie Postanschriften, Telefon- und Faxnummern sowie Emailadressen durch Dritte zur Übersendung von nicht ausdrücklich angeforderten Informationen ist nicht gestattet. Rechtliche Schritte gegen die Versender von sogenannten Spam-Mails bei Verstößen gegen dieses Verbot sind ausdrücklich vorbehalten.

Printed in Germany
by Amazon Distribution
GmbH, Leipzig

23371846R00082